HABITATIONS OUVRIÈRES

ET AGRICOLES

CITÉS, BAINS ET LAVOIRS

SOCIÉTÉS ALIMENTAIRES

DÉTAILS DE CONSTRUCTION;
FORMULES REPRÉSENTANT CHAQUE ESPÈCE DE MAISON, ET DONNANT SON PRIX DE REVIENT EN TOUS PAYS.

STATUTS, RÈGLEMENTS ET CONTRATS.

CONSEILS HYGIÉNIQUES PAR LE Dr A. CLAVEL.

PAR

ÉMILE MULLER,
Ingénieur civil, ancien élève de l'École Centrale des Arts et Manufactures, architecte de plusieurs cités ouvrières.

PLANCHES

PARIS
VICTOR DALMONT, ÉDITEUR
Successeur de Carilian-Gœury et Vve Dalmont
LIBRAIRE POUR L'ARCHITECTURE, LES PONTS ET CHAUSSÉES, LES MINES, ETC.
Quai des Augustins, 49.

1855-56

PLAN D'ENSEMBLE DE LA CITÉ OUVRIÈRE DE MULHOUSE

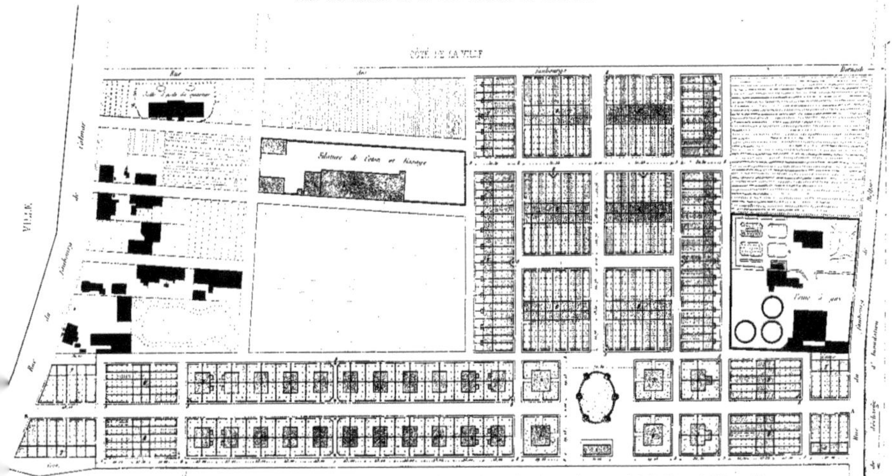

LÉGENDE. 1 École, Asile, Lecture et Chapelle. 2 Lavoirs, sécheurs et bains. 3 Boucherie, Boulangerie et Épicerie. 4 Logements de célibataires et du surveillant de la Cité. 5 Groupes de 4 Maisons. 6 Maisons contiguës. 7 Maisons entre cours et jardins. 8 Pompes. 9 Salle d'asile du quartier. A.B. Égout principal.

Échelle de 0m,001 pour 10 mètres

[illegible] par Emile Muller, Ingénieur civil Pl. 2

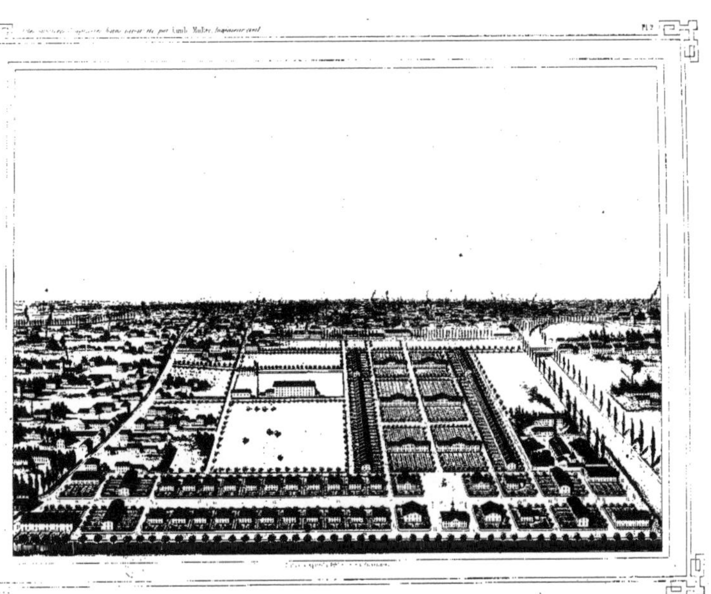

CITÉS OUVRIÈRES DE MULHOUSE

CITÉS OUVRIÈRES DE MULHOUSE.

2ème Catégorie.

PLAN DU REZ-DE-CHAUSSÉE.

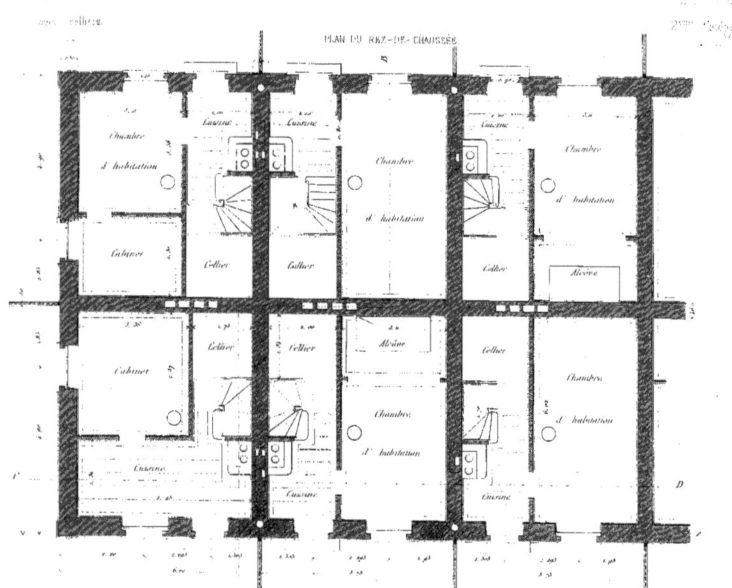

PLAN DES FONDATIONS.

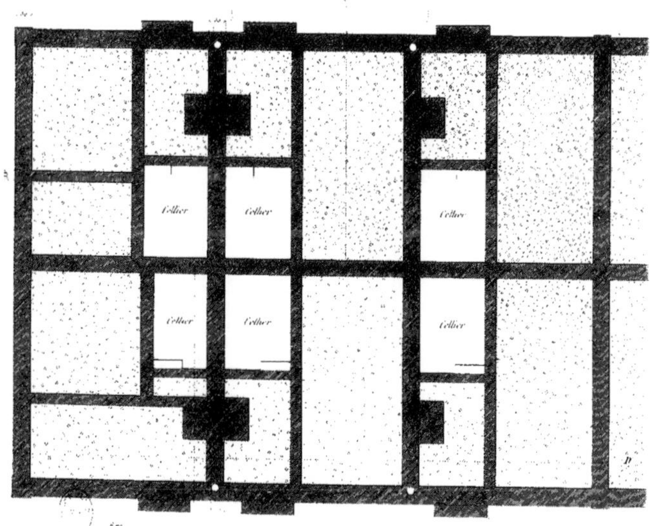

Échelle de 0.01 par mètre.

Paris Impr. d'Appien Pomphane à Paris.

CITÉS OUVRIÈRES DE MULHOUSE.

Maisons contiguës avec celliers.

2me Classe.
2me Catégorie.

ÉLÉVATION PRINCIPALE.

PLAN DU 1er ÉTAGE.

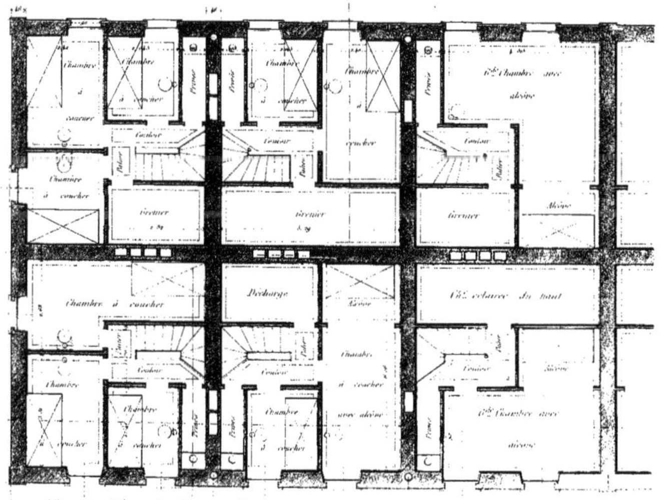

CITÉS OUVRIÈRES DE MULHOUSE.

Maisons contigües
avec celliers.

2me Classe.
2me Catégorie.

COUPE SUR AB.

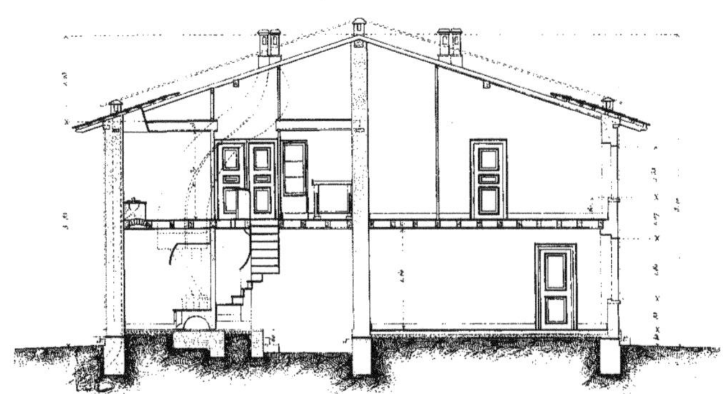

x Asphalte ou Ciment.
y Beton.

COUPE SUR CD.

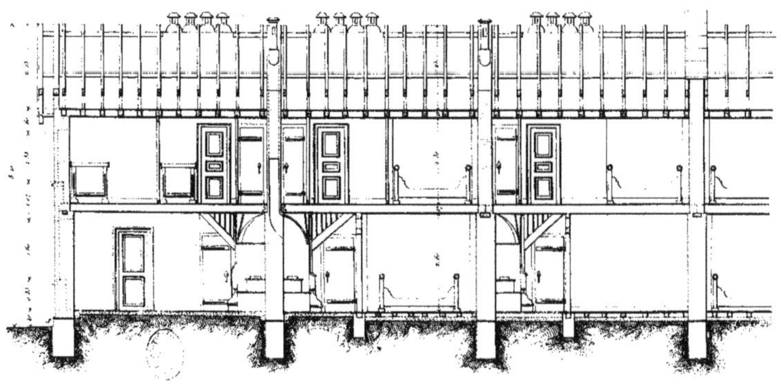

Echelle de 0 01 par mètre

PLAN DU 1er ÉTAGE.

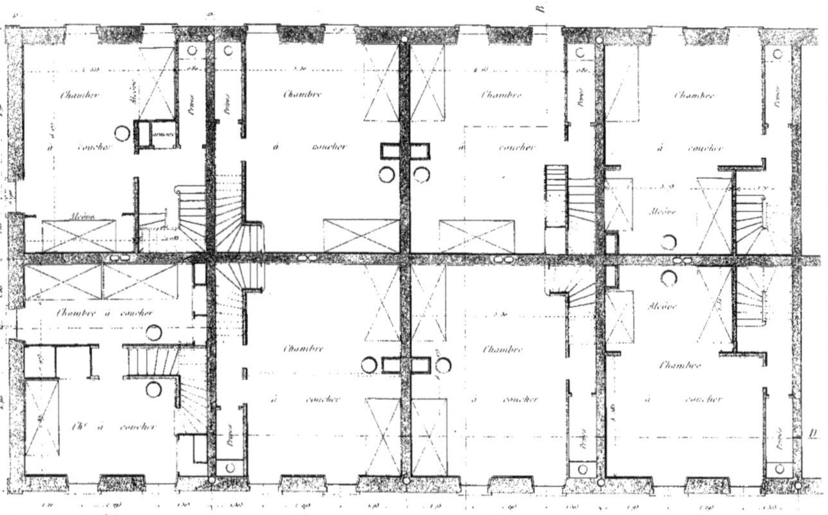

PLAN DU REZ-DE-CHAUSSÉE.

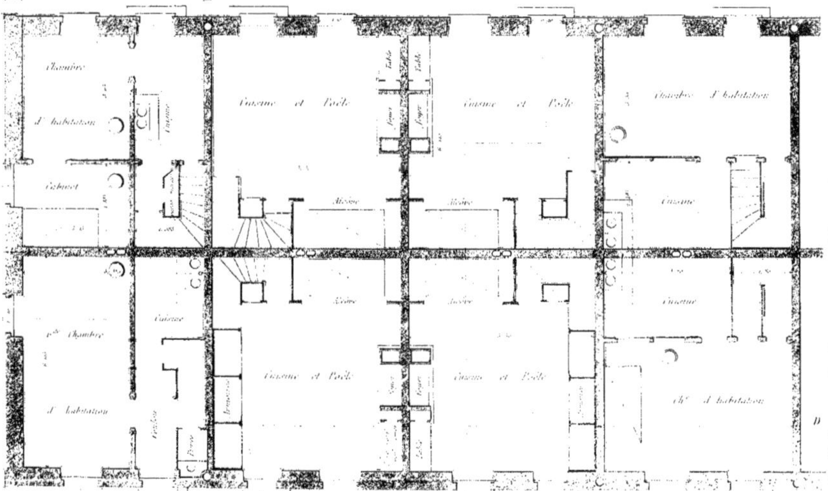

Echelle de 0.01 par mètre

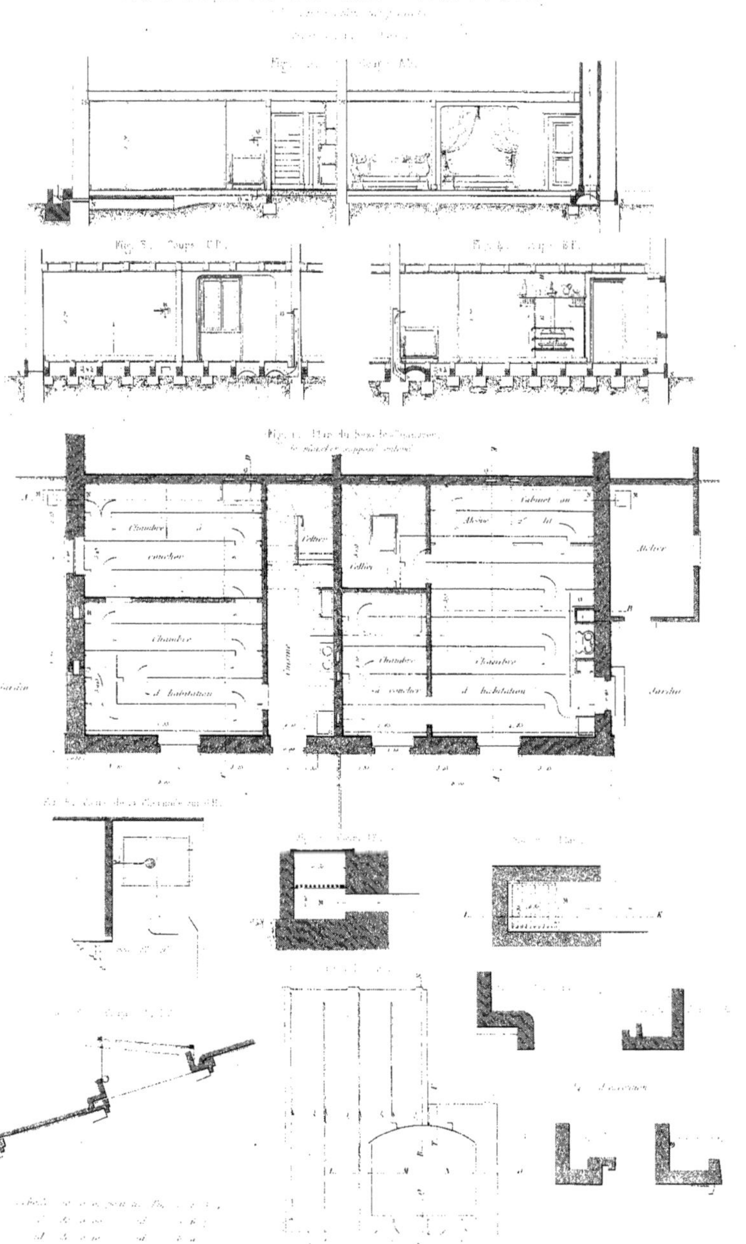
Chambre
à
coucher
Chambre
d'habitation
Cellier
Cellier
Cuisine
Cabinet ou
Alcôve
Atelier
Chambre
à coucher
Chambre
d'habitation
Jardin
Jardin

CITÉS OUVRIÈRES DE MULHOUSE.

Groupe de 4 maisons avec cellier.

1re Classe
2me Catégorie.

PLAN DU REZ-DE-CHAUSSÉE.

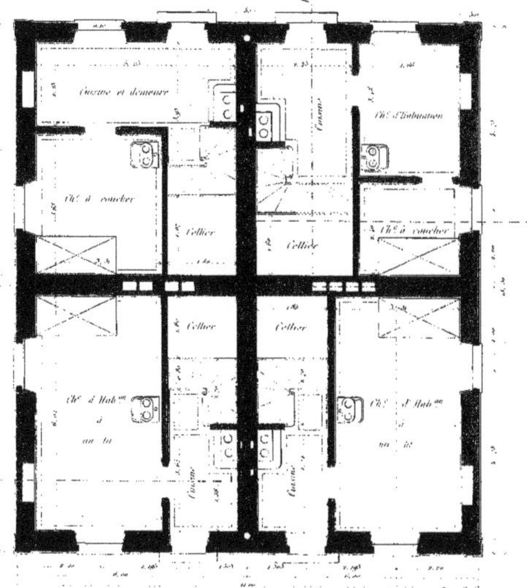

PLAN DES FONDATIONS.

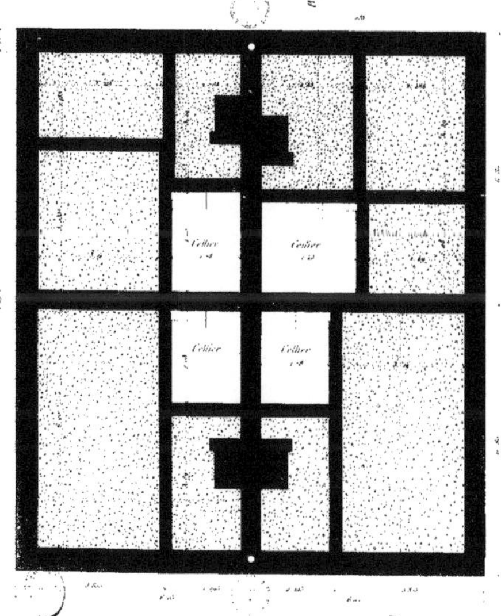

Echelle de 0,01 par mètre

CITÉS OUVRIÈRES DE MULHOUSE.

Groupe de 4 maisons
avec cellier.

1ère Classe.
2me Catégorie.

ÉLÉVATION PRINCIPALE.

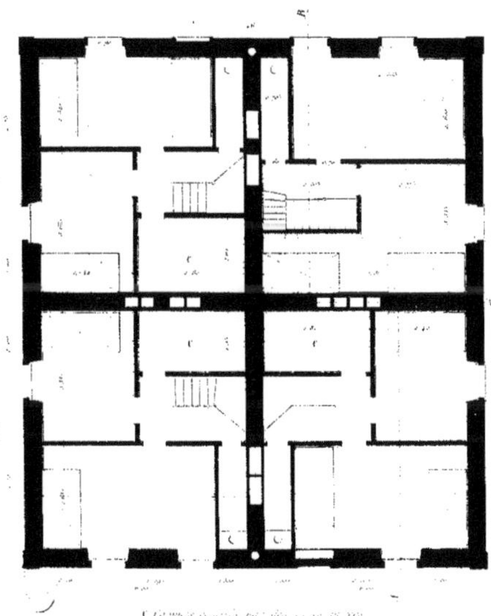

CITÉS OUVRIÈRES DE MULHOUSE.

Groupe de 4 maisons
avec cellier.

1ère Classe.
2ème Catégorie.

COUPE SUIVANT A.B.

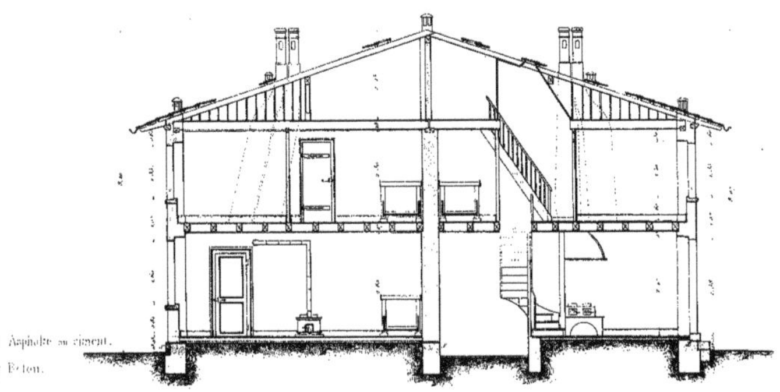

COUPE SUIVANT C.D.

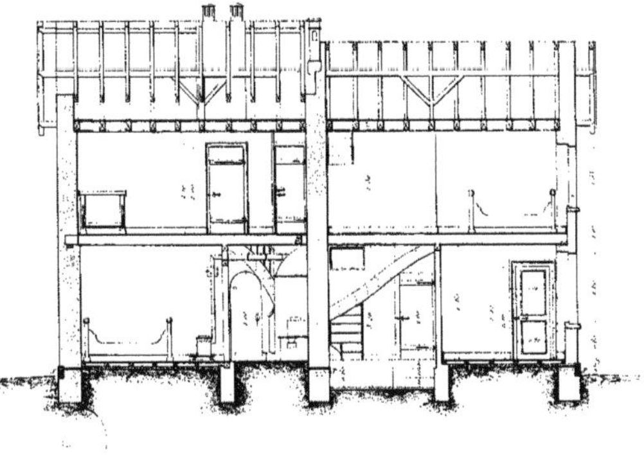
z Asphalte ou ciment.
y Béton.

Échelle de [illegible] par mètre

CITÉS OUVRIÈRES DE MULHOUSE.

Groupe de 4 maisons, avec caves.

1re Classe. 1re Catégorie.

PLAN DU REZ-DE-CHAUSSÉE.

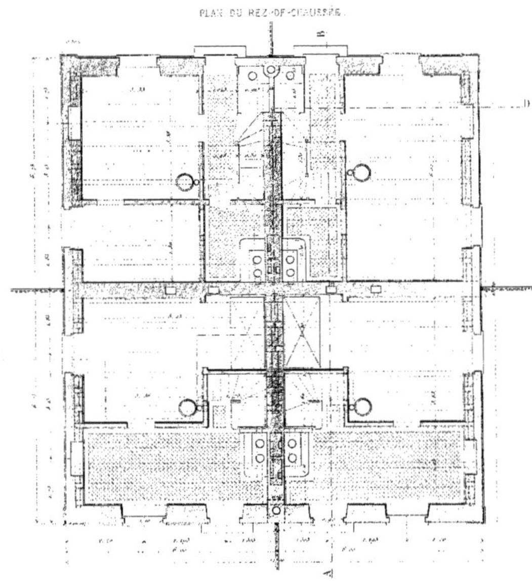

PLAN DES CAVES.

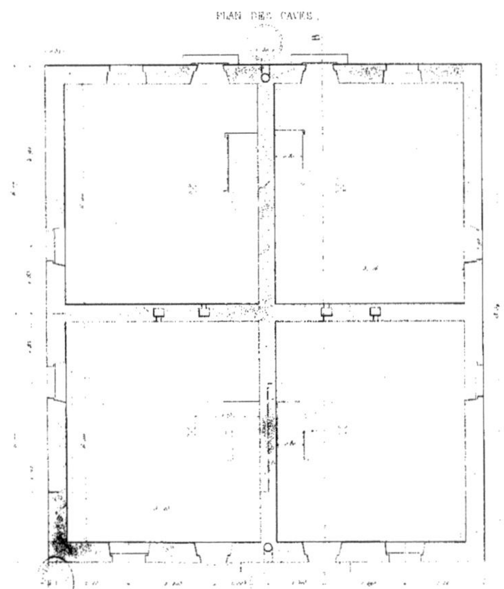

Échelle de 0.01 par mètre

CITÉS OUVRIÈRES DE MULHOUSE.

Groupe de 4 maisons
avec caves.

1ère Classe
1ère Catégorie.

ÉLÉVATION PRINCIPALE.

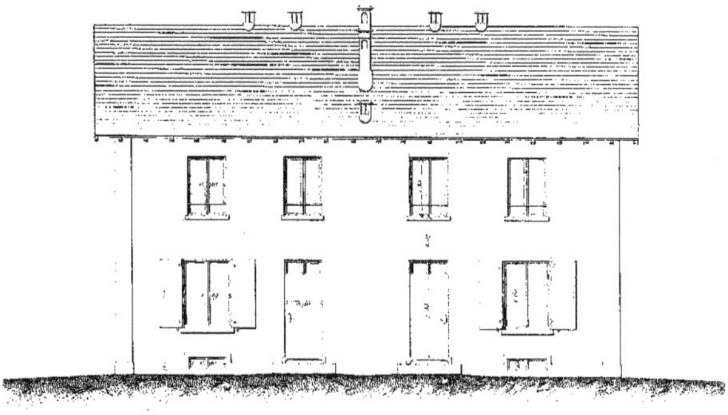

PLAN DU 1er ÉTAGE.

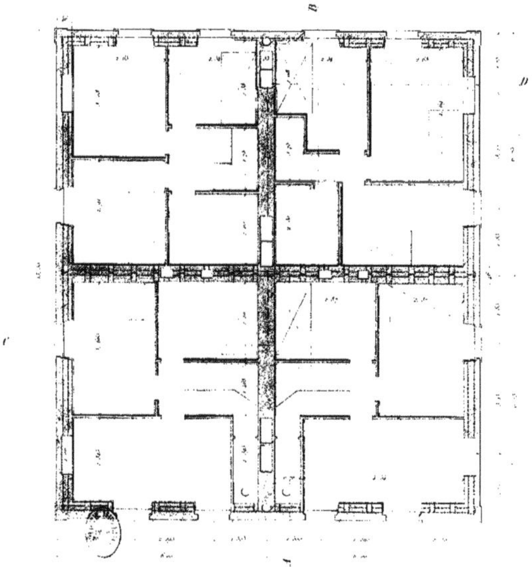

Échelle de 0,01 par mètre

CITÉS OUVRIÈRES DE MULHOUSE.

Groupe de 4 maisons
avec caves.

3ème Classe,
1ère Catégorie.

COUPE SUR A.B.

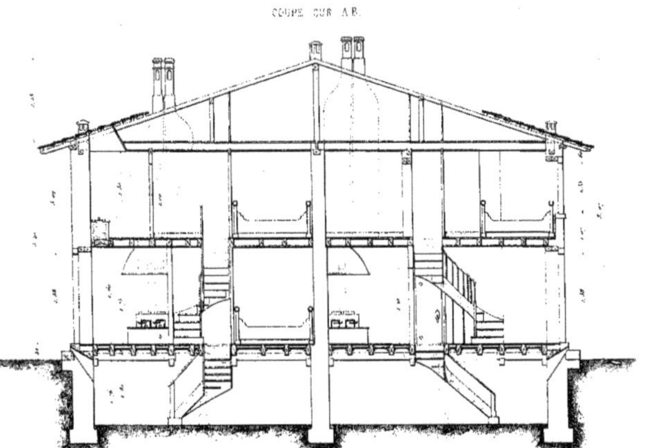

COUPE SUR [illegible]

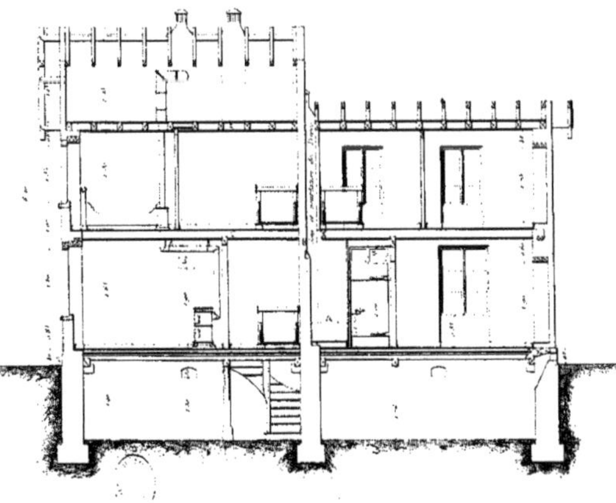

Échelle de [illegible] par mètre

CITÉS OUVRIÈRES DE MULHOUSE.

AUTRES DISTRIBUTIONS.

Groupe de 4 maisons avec caves.

1re Classe. 1re Catégorie.

PLAN DU REZ-DE-CHAUSSÉE.

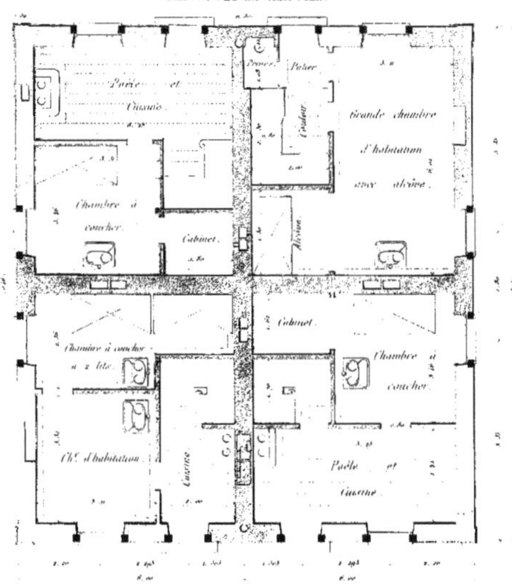

PLAN DES CAVES.

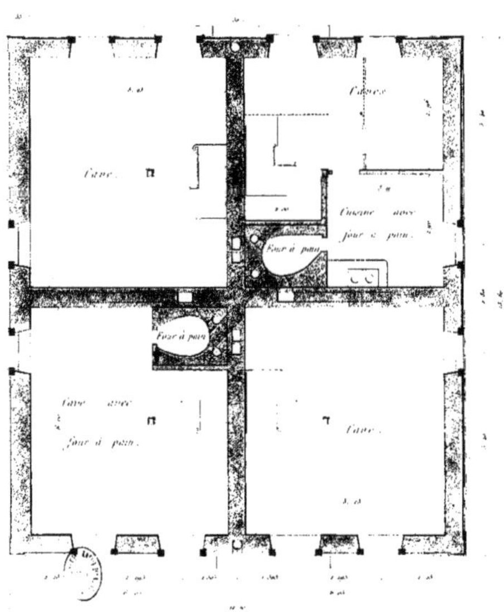

Echelle de 0.01 par mètre.

CITÉS OUVRIÈRES DE MULHOUSE.

Groupe de 4 maisons avec caves.

AUTRES DISTRIBUTIONS.

1re Classe.
1re Catégorie.

ÉLÉVATION LATÉRALE.

PLAN DU 1er ÉTAGE.

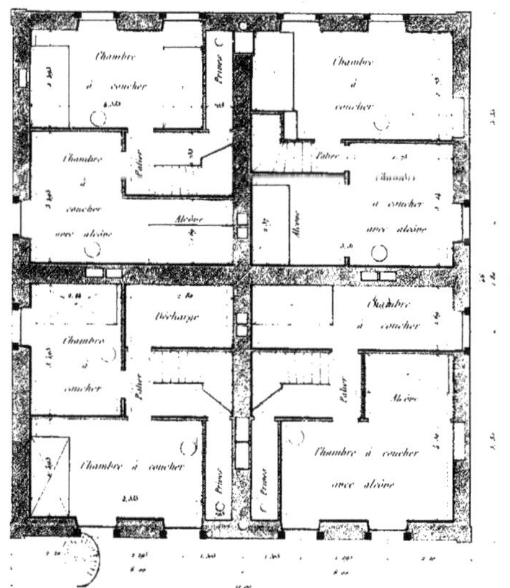

Echelle de 0,01 par mètre.

CITÉS OUVRIÈRES DE MULHOUSE.

Détails des Privés avec leurs ventilations et descentes de jour.

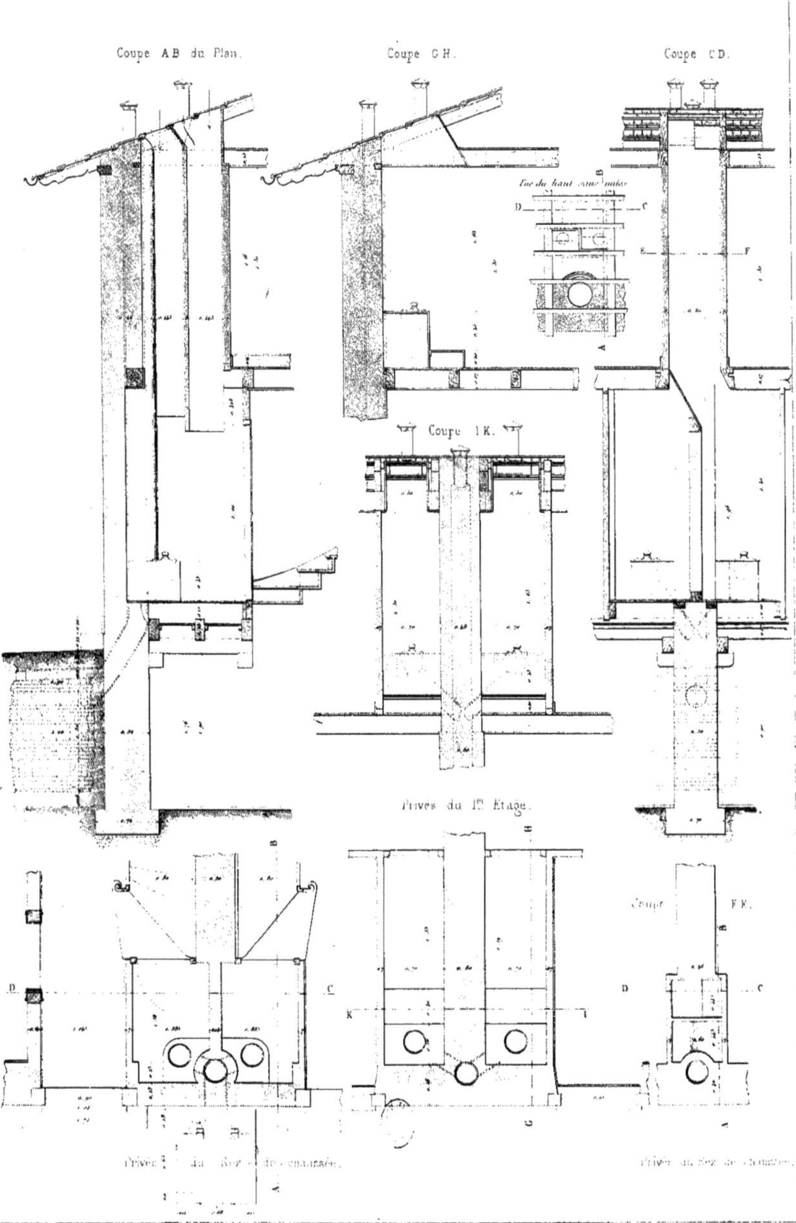

E. Muller del.

Echelle de [illegible] par mètre

CITÉS OUVRIÈRES DE MULHOUSE.

Détails.

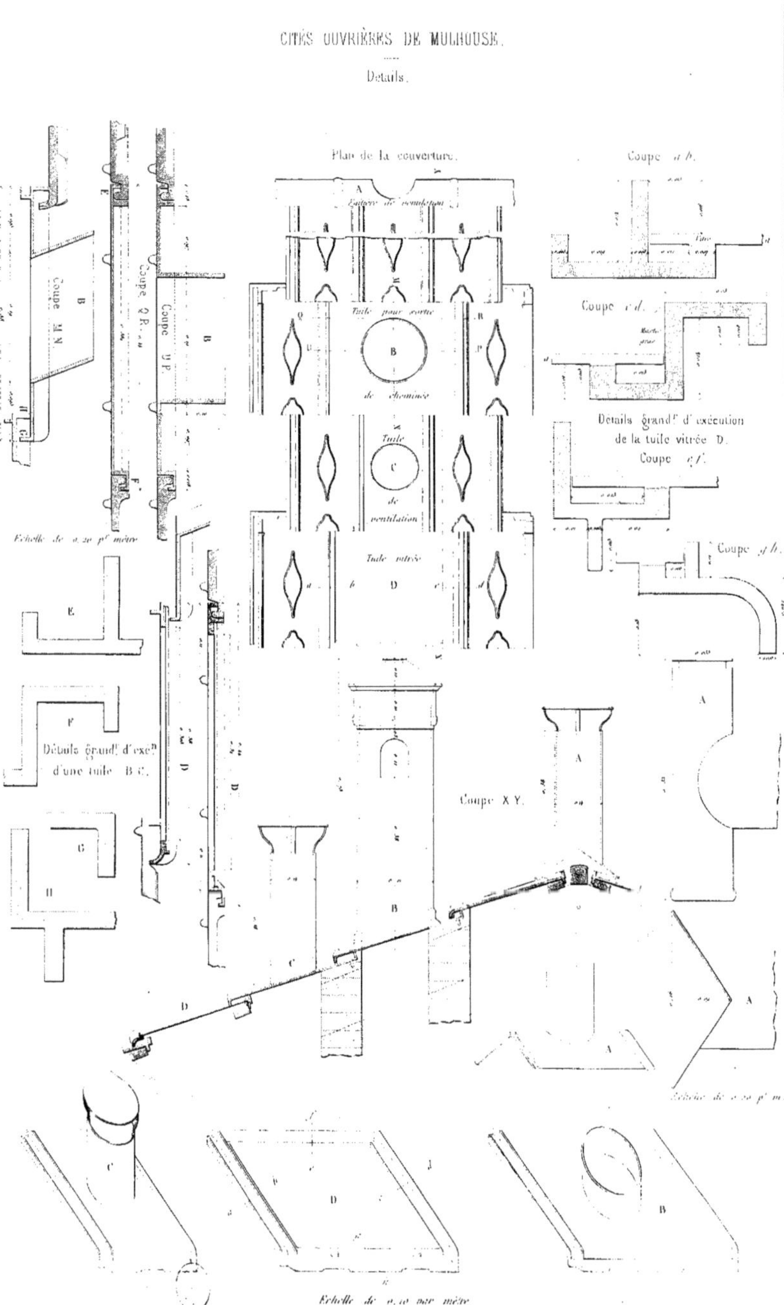

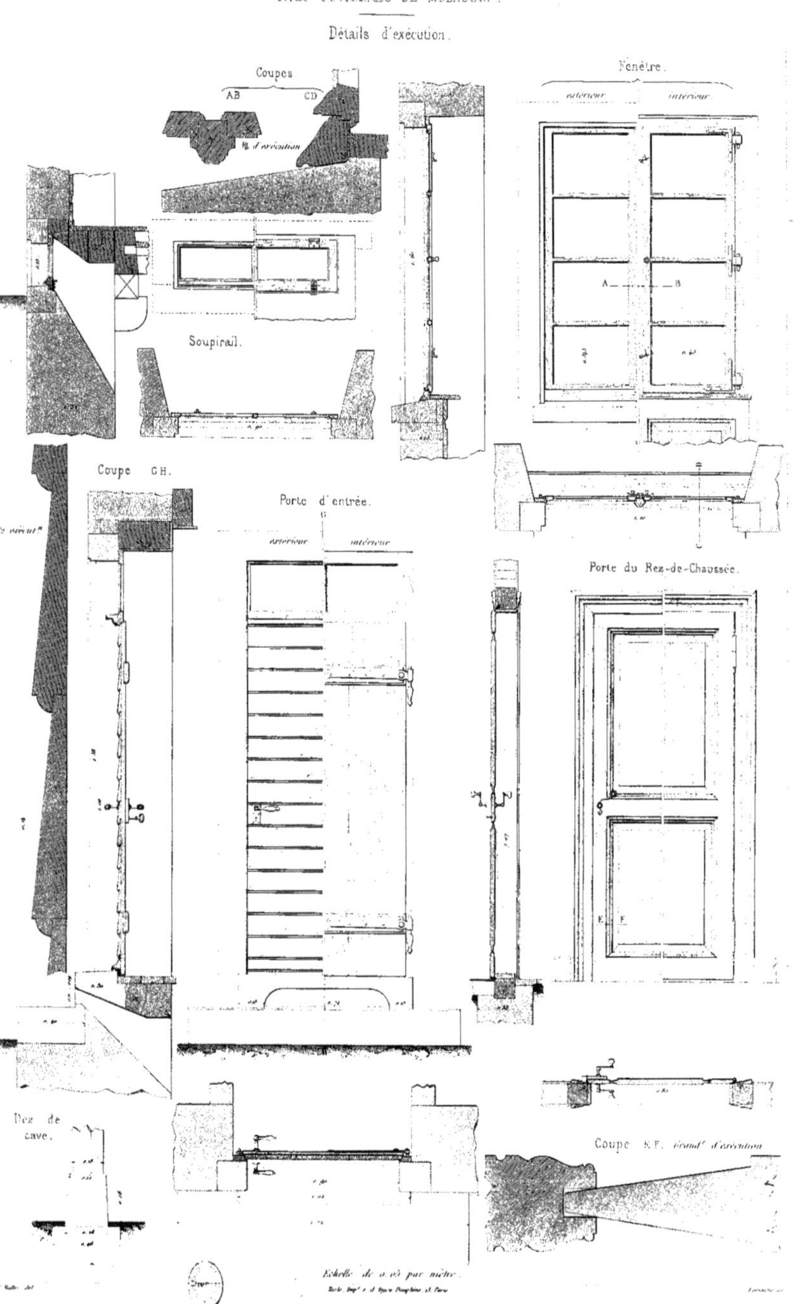
CITÉS OUVRIÈRES DE MULHOUSE.
Détails d'exécution.
Coupes
AB
CD
½ d'exécution
Soupirail.
Fenêtre.
extérieur
intérieur
Coupe GH.
Porte d'entrée.
extérieur
intérieur
Porte du Rez-de-Chaussée.
Dez de cave.
Coupe EF. Grand^r d'exécution
Échelle de 0.05 par mètre.

GROUPE DE 4 MAISONS AVEC ATELIER DANS LE SOUBASSEMENT ET APPENTIS.

ÉLÉVATION LATÉRALE.

ÉLÉVATION PRINCIPALE.

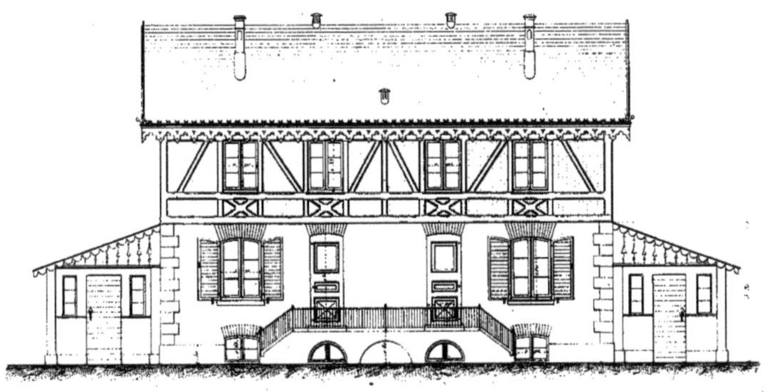

Échelle de [illegible] par mètre.

PLAN DU 1er ÉTAGE.

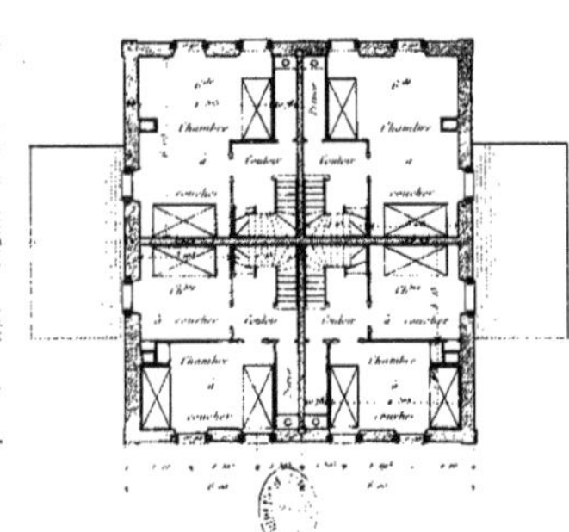

PLAN DU REZ-DE-CHAUSSÉE.

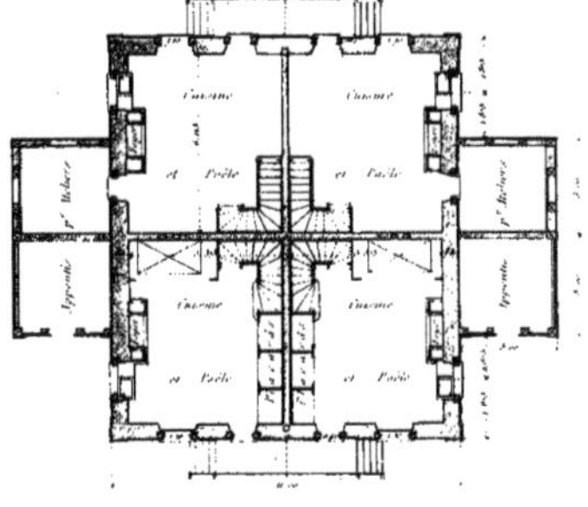

Échelle de [illegible] par mètre.

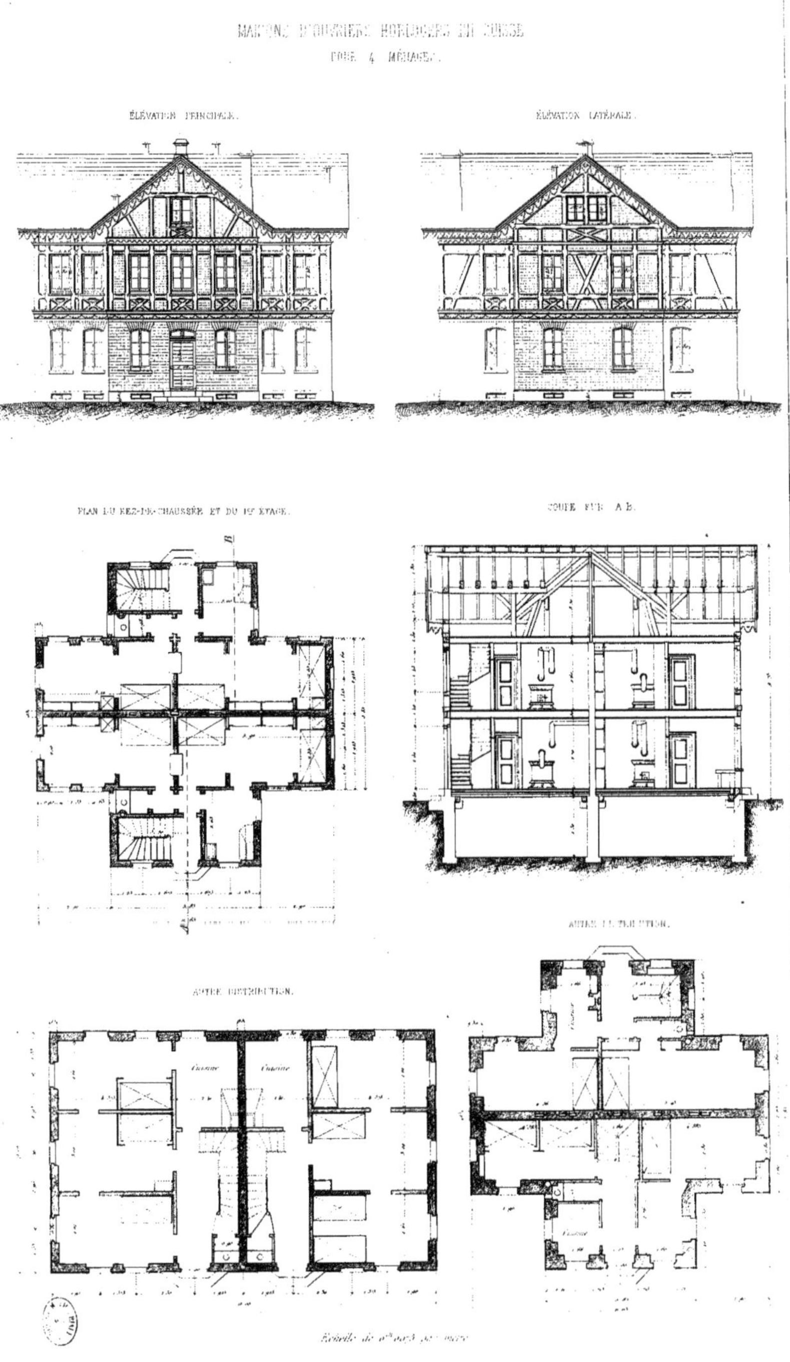
MAISONS D'OUVRIERS HORLOGERS EN SUISSE
POUR 4 MÉNAGES.
ÉLÉVATION PRINCIPALE.
ÉLÉVATION LATÉRALE.
PLAN DU REZ-DE-CHAUSSÉE ET DU 1er ÉTAGE.
COUPE SUR A B.
AUTRE DISTRIBUTION.
AUTRE DISTRIBUTION.
Cuisine
Cuisine

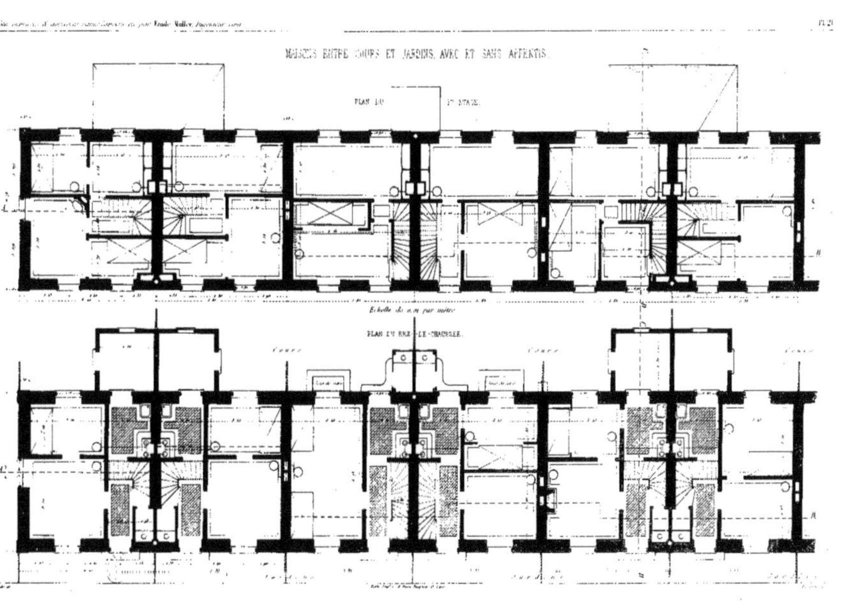
Pl. 21
MAISONS ENTRE COURS ET JARDINS, AVEC ET SANS APPENTIS.
PLAN DU 1er ÉTAGE.
Échelle de 0,01 par mètre
PLAN DU REZ-DE-CHAUSSÉE.

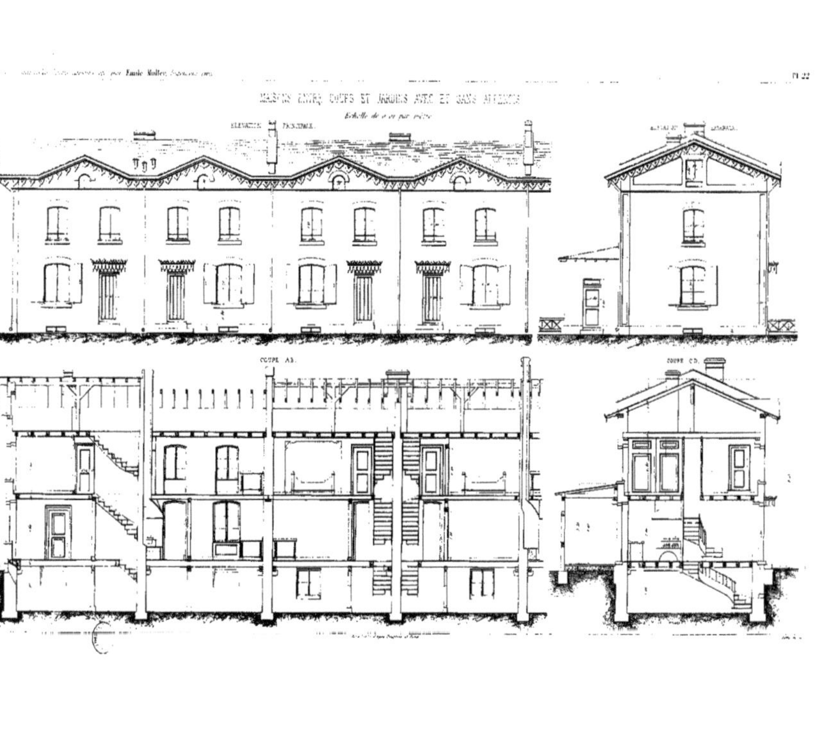

Emile Muller
Pl. 22
ELEVATION PRINCIPALE
COUPE AB.
COUPE CD.

Cités ouvrières et agricoles, bains, lavoirs etc par **Emile Muller**, *Ingénieur civil* Pl. 25.

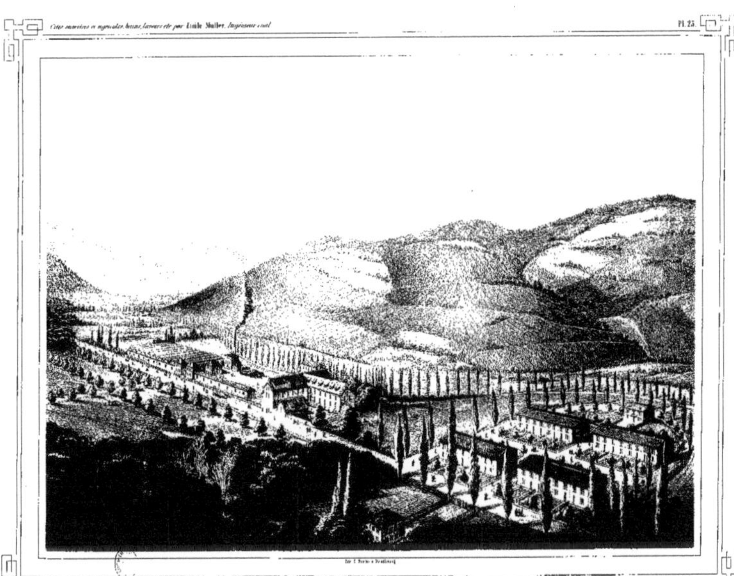

CITÉ OUVRIÈRE DE MM J. J. BOURCART & FILS A GUEBWILLER.

PLAN D'UNE CITÉ DE PARIS.

Approuvé et subventionné par l'État.

PLAN DE MASSE.

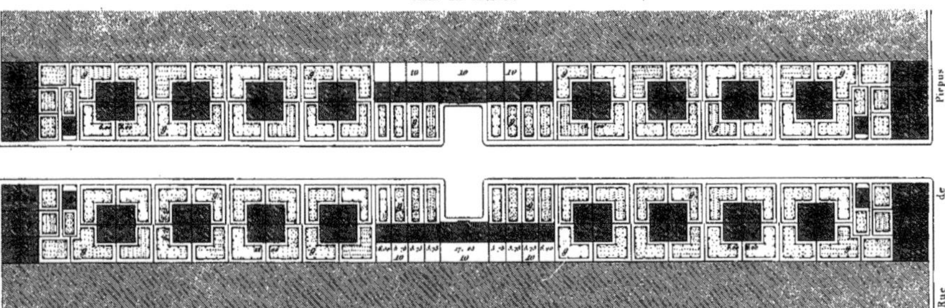

Légende. 1, Salle d'Asile. 2, Bains et Lavoirs. 3, Portiers. 4, Réservoir d'eau. 5, Bureau. 6, Groupes de 4 Maisons. 7, Groupes de 6 Maisons avec magasins. 8, Maisons entre Cours et Jardins. 9, Jardins. 10, Cours.

PLAN DE 4 DISTRIBUTIONS DIFFÉRENTES, DE CITÉS OUVRIÈRES.

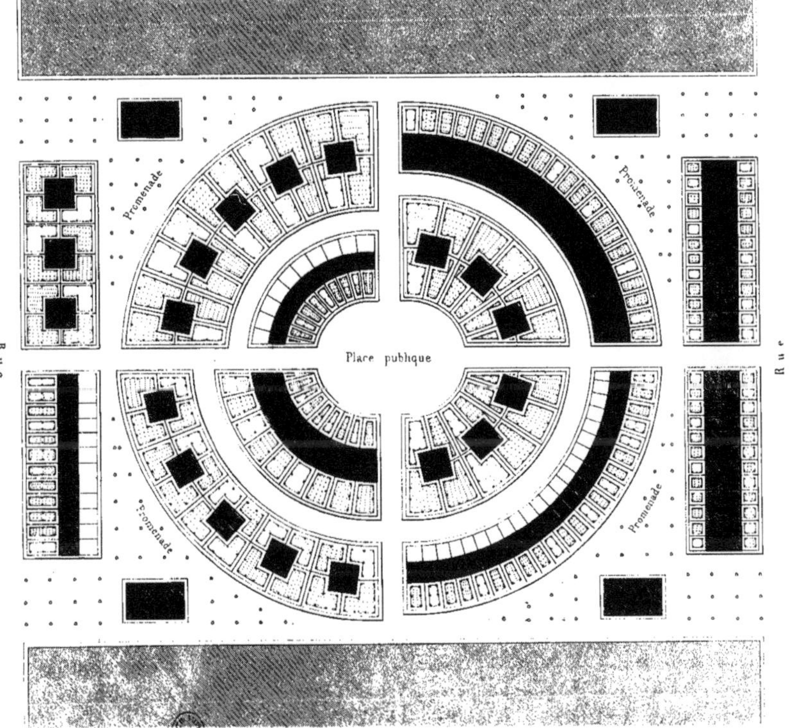

A Bâtiments d'utilité générale.

Échelle de 0,001 par mètre.

HABITATIONS OUVRIÈRES LES PLUS ÉCONOMIQUES.

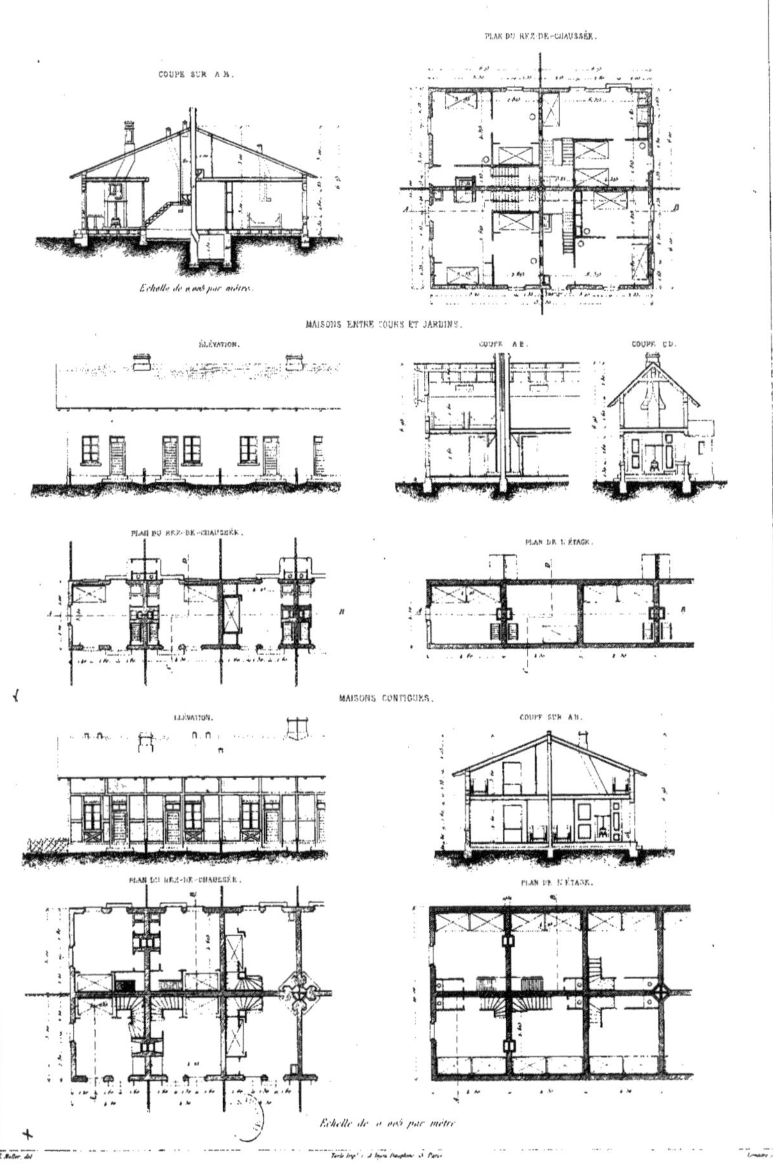

CHAUFFAGE, VENTILATION ET DÉTAILS DE TOITURES.

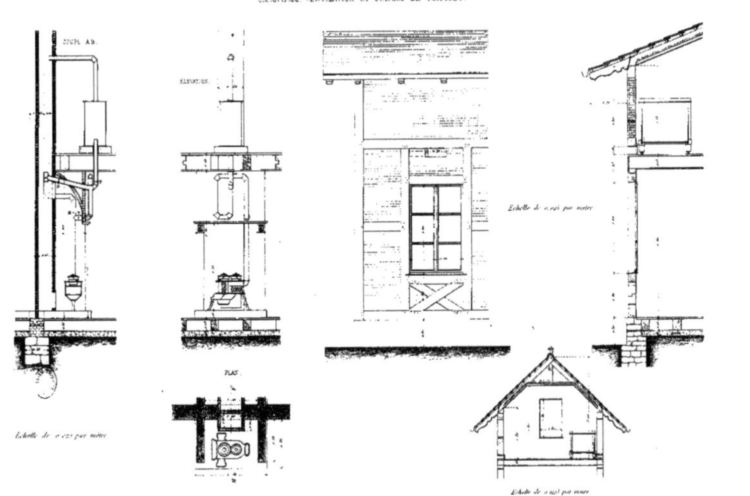

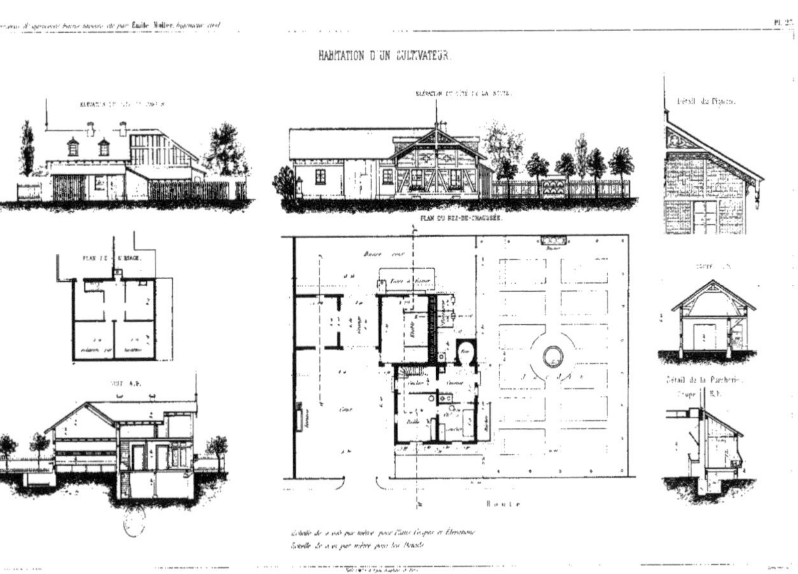
Émile Muller, ingénieur civil
Pl. 27
HABITATION D'UN CULTIVATEUR.
Détail du Pignon.
PLAN DU REZ-DE-CHAUSSÉE.
Détail de la Porcherie.
Route

CITÉS AGRICOLES.

ÉLEVATION PRINCIPALE.

PLAN DU REZ-DE-CHAUSSÉE.

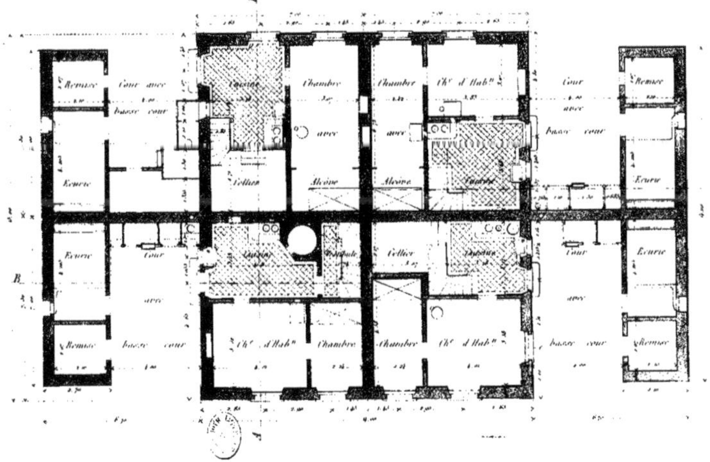

Echelle de 0,007 par mètre

CITÉS AGRICOLES.

Groupe de 4 Maisons. avec Caves, Cours, Remises & Ecuries.

COUPE SUR B C.

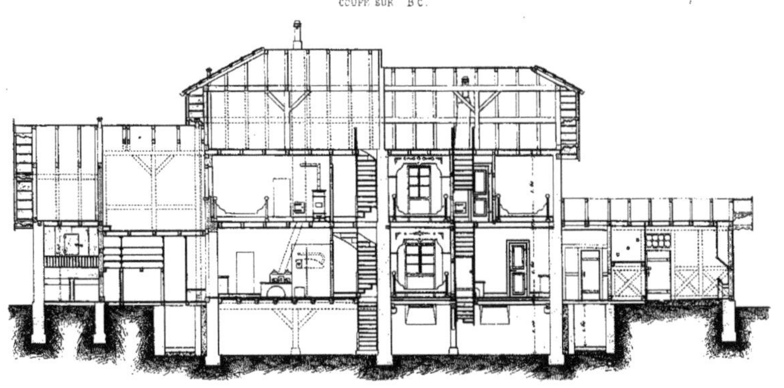

COUPE SUR A B.

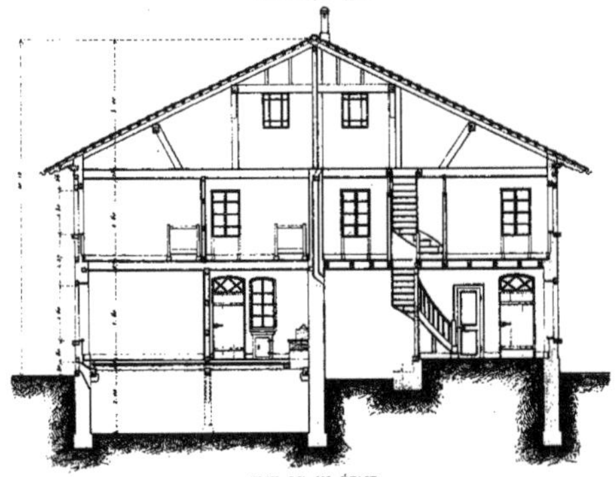

PLAN DU 1er ÉTAGE.

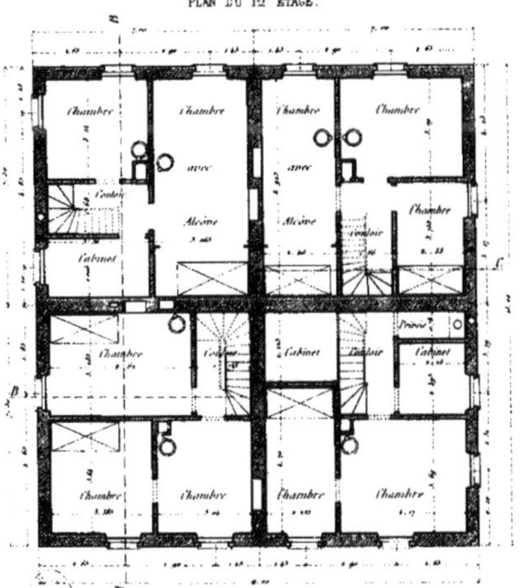

Echelle de 0 005 par mètre

CITÉS AGRICOLES.

Groupe de 4 Maisons, avec Cours, Caves, Écuries et Remises.

PLAN DU REZ-DE-CHAUSSÉE.

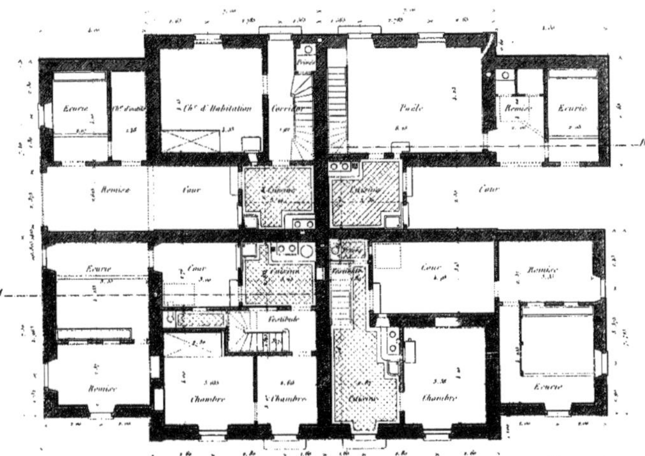

PLAN DU 1er ÉTAGE.

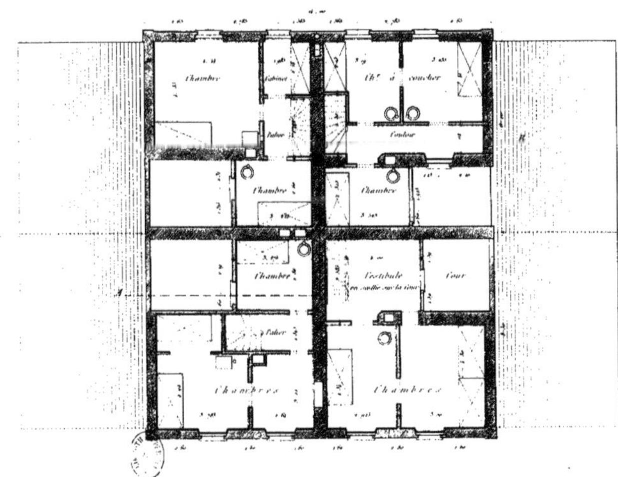

Echelle de 0.005 par mètre.

CITÉS AGRICOLES.

Groupe de 4 Maisons.

Avec Caves. Cours, Ecuries & Remises.

ÉLÉVATION.

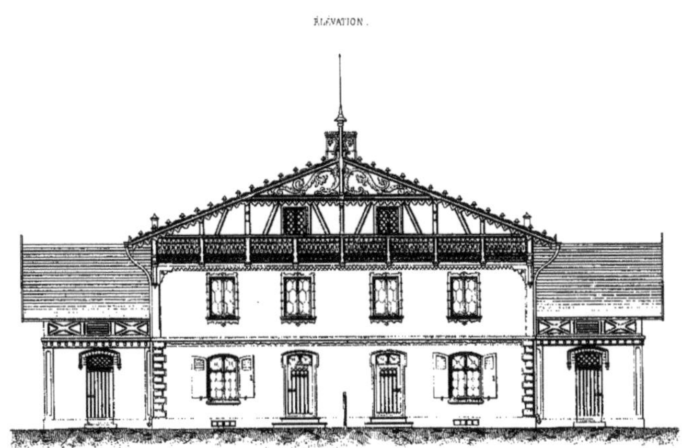

COUPE SUR LA LIGNE A B.

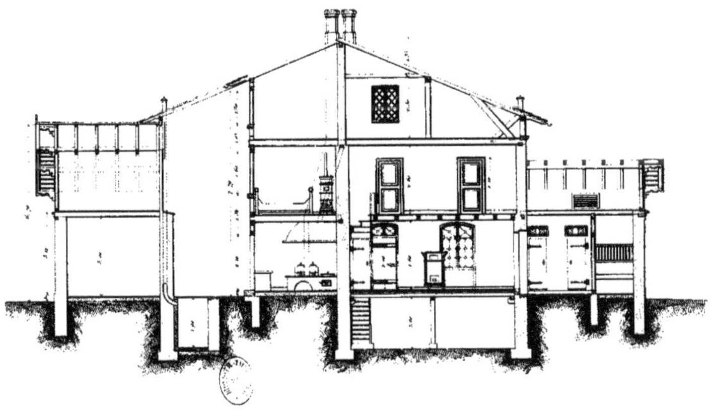

Echelle de 0,02½ par mètre

CITÉS AGRICOLES.

Maisons contiguës. avec Caves, Appentis & Cours.

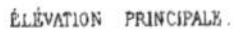

PLAN DU REZ-DE-CHAUSSÉE.

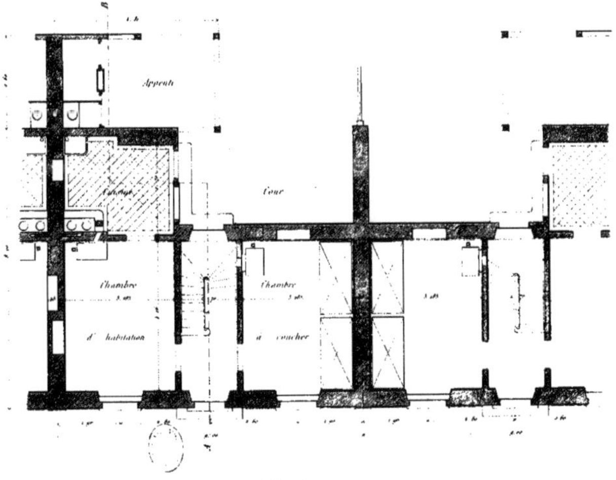

Échelle de 0,01 par mètre.

CITÉS AGRICOLES.

Maisons contiguës avec caves, appentis et cours.

COUPE SUIVANT AB.

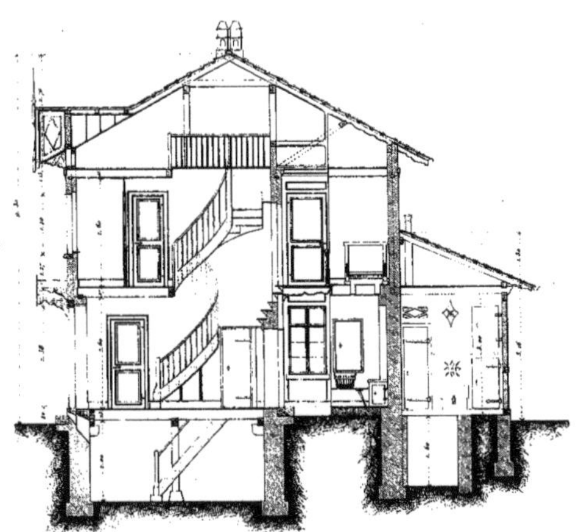

PLAN DU 1er ÉTAGE.

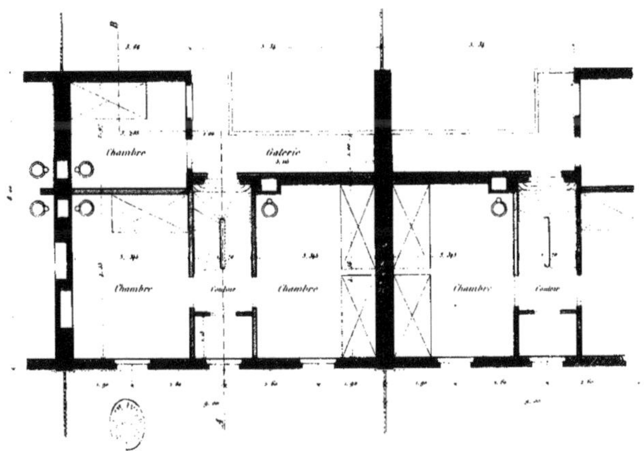

Échelle de 0,01 par mètre

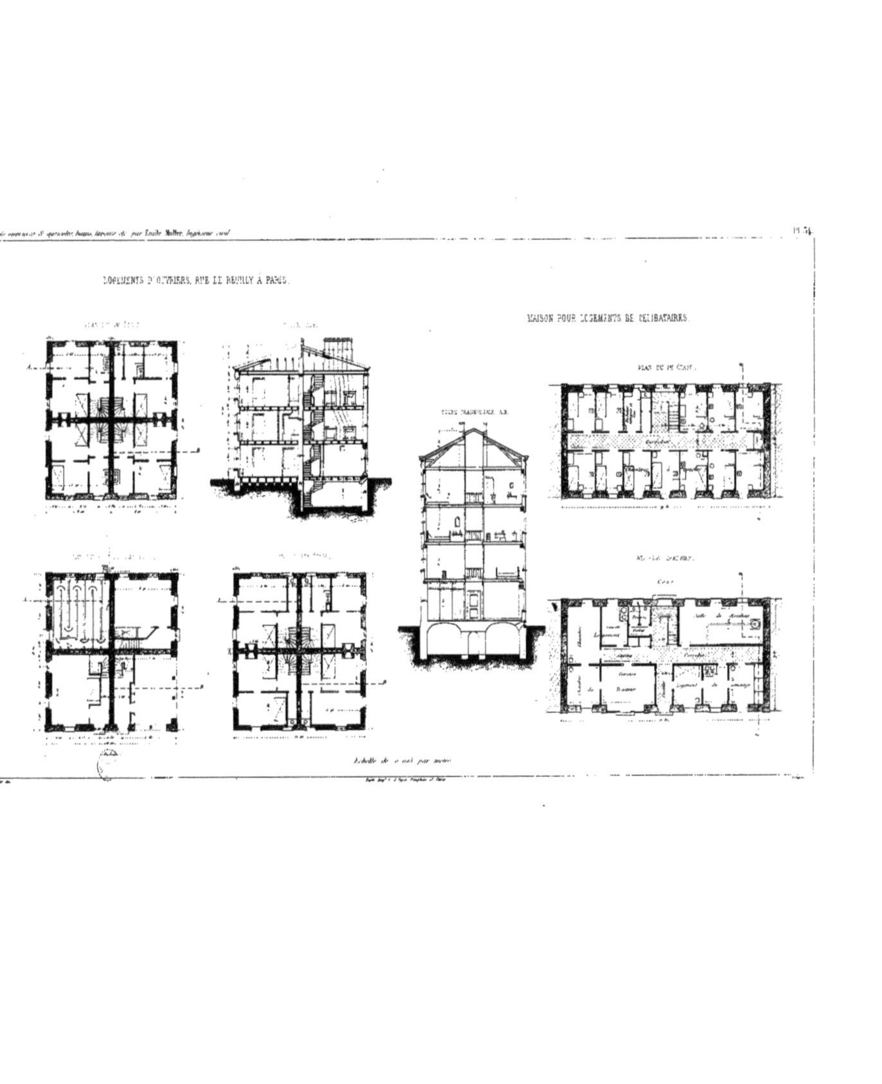
LOGEMENTS D'OUVRIERS, RUE DE REUILLY À PARIS.
MAISON POUR LOGEMENTS DE CÉLIBATAIRES.
COUPE TRANSVERSALE A.B.
Échelle de 0 m. 005 par mètre

ÉLÉVATIONS DIVERSES.

GROUPES DE 4 MAISONS POUR 4 MÉNAGES.

Echelle de 0,01 par mètre.

ÉLÉVATIONS D'UN GROUPE DE 4 MAISONS,
pour 8 ménages, avec ateliers au Rez-de-Chaussée.

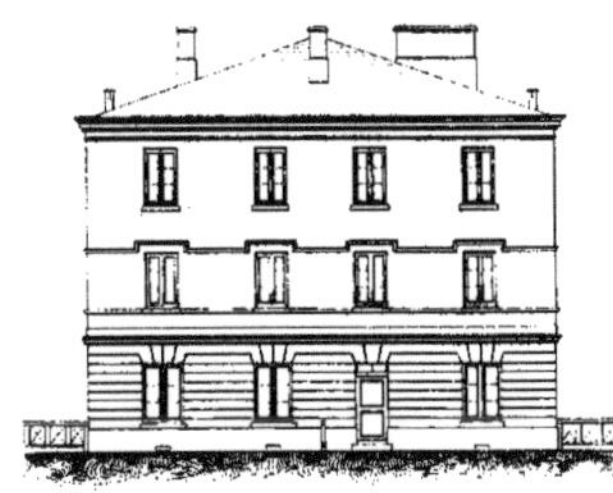

ÉLÉVATIONS DE GROUPES DE 4 MAISONS,
pour 4 ménages.

Echelle de 0,005 par mètre

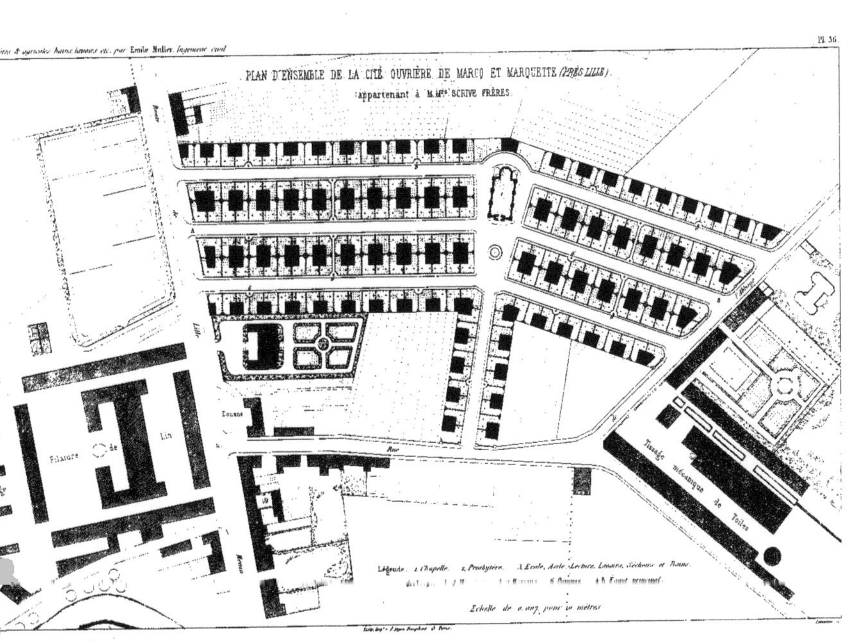
Emile Muller, Ingénieur civil
Pl. 36.
PLAN D'ENSEMBLE DE LA CITÉ OUVRIÈRE DE MARCQ ET MARQUETTE (PRÈS LILLE).
appartenant à MM.rs SCRIVE FRÈRES.
Filature de Lin
Douane
Tissage mécanique de Toiles
Légende. 1. Chapelle. 2. Presbytère. 3. Ecole, Asile, Lecture, Lavoirs, Séchoirs et Bains.
Echelle de 0.007 pour 10 mètres

CITÉ OUVRIÈRE DE MM^rs SCRIVE FRÈRES.

Arrond^t de Lille, Dép^t du Nord.

COUPE LONGITUDINALE. ÉLÉVATION LATÉRALE.

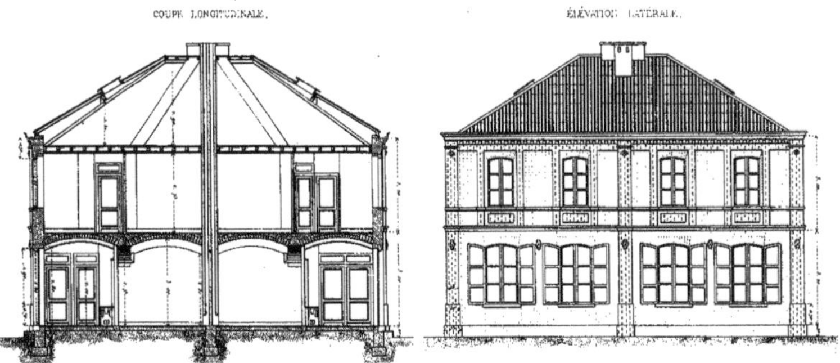

ÉLÉVATION PRINCIPALE.

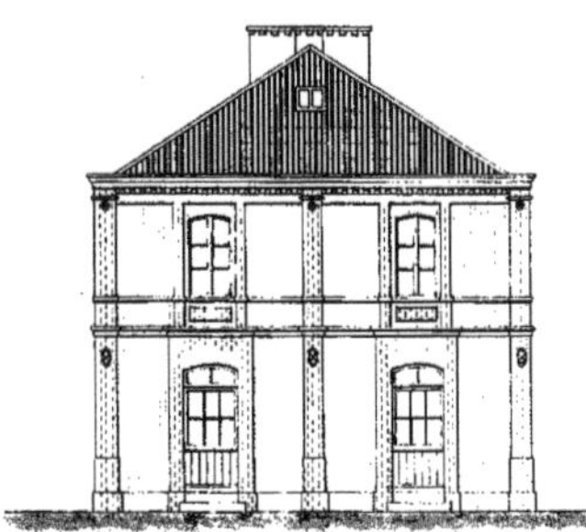

COUPE TRANSVERSALE.

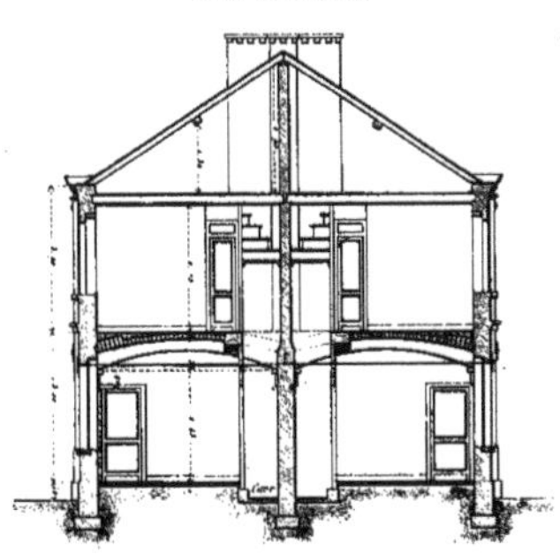

REZ-DE-CHAUSSÉE.

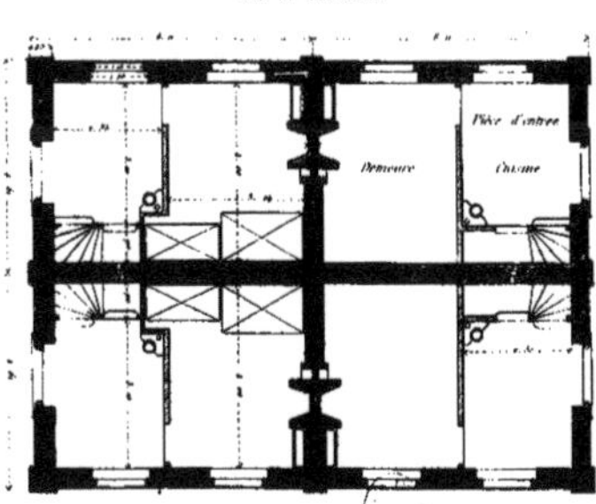

PREMIER ÉTAGE.

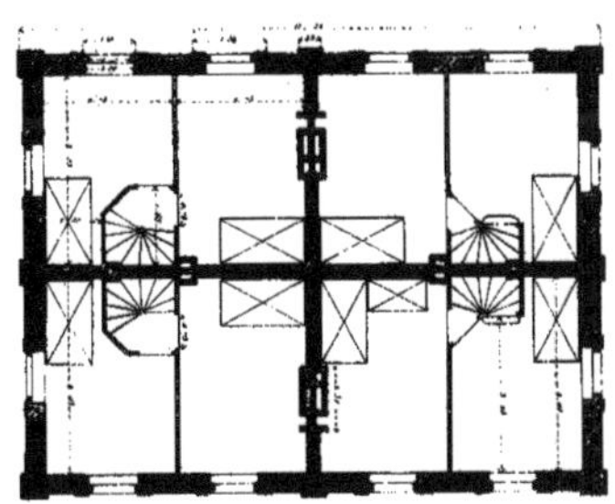

Echelle de 0,0075 par mètre

BAIN, LAVOIR ET SÉCHOIR.

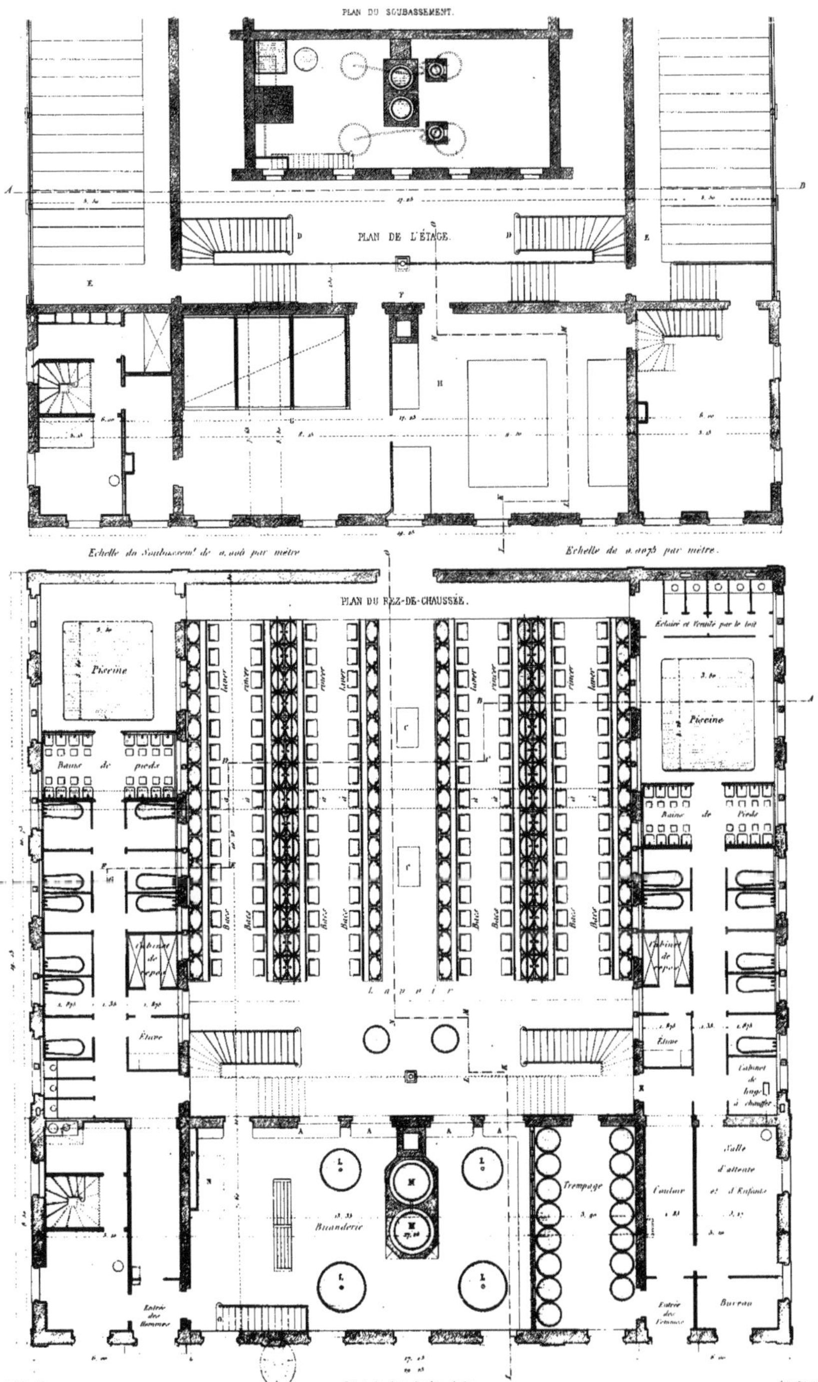

BAIN, LAVOIR ET SÉCHOIR.

COUPE SUIVANT A.B.

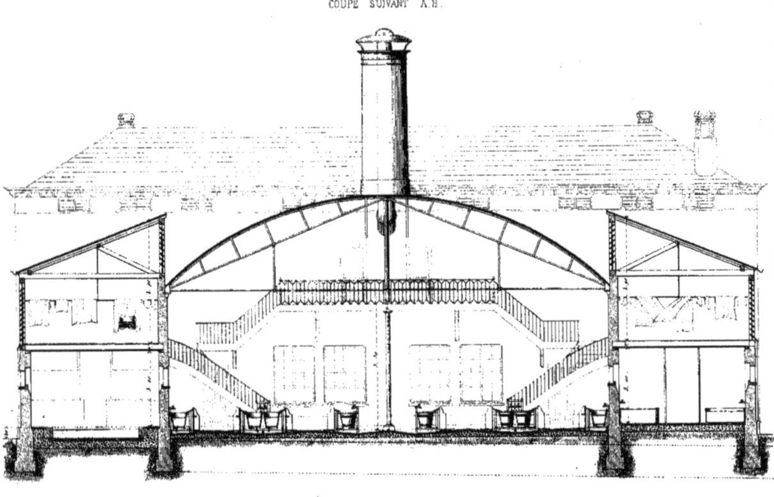

COUPE SUIVANT I.O.

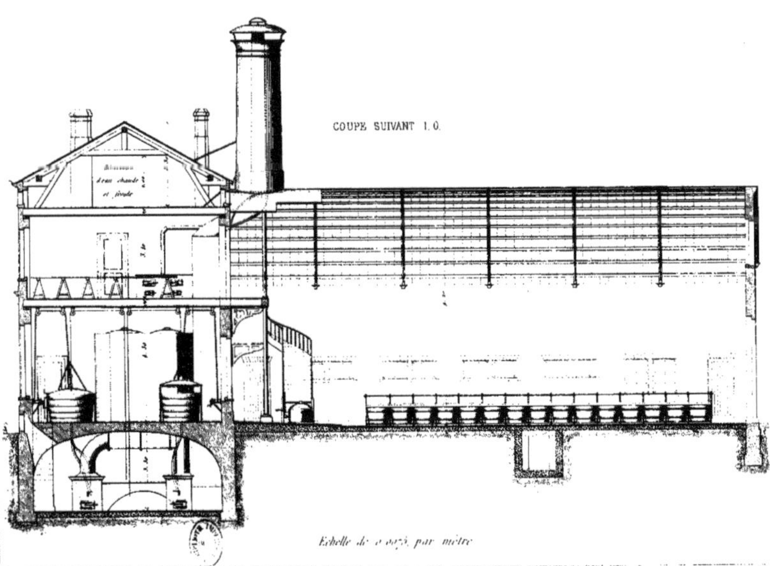

Echelle de 0,0075 par mètre

E. Muller del. — Tarle Impr. r. d'Anjou Dauphine 23 Paris. — Lemaitre sc.

CUVIER À LESSIVE AVEC SA CHAUDIÈRE.

Appareils et Système de Mr. Bouillon.

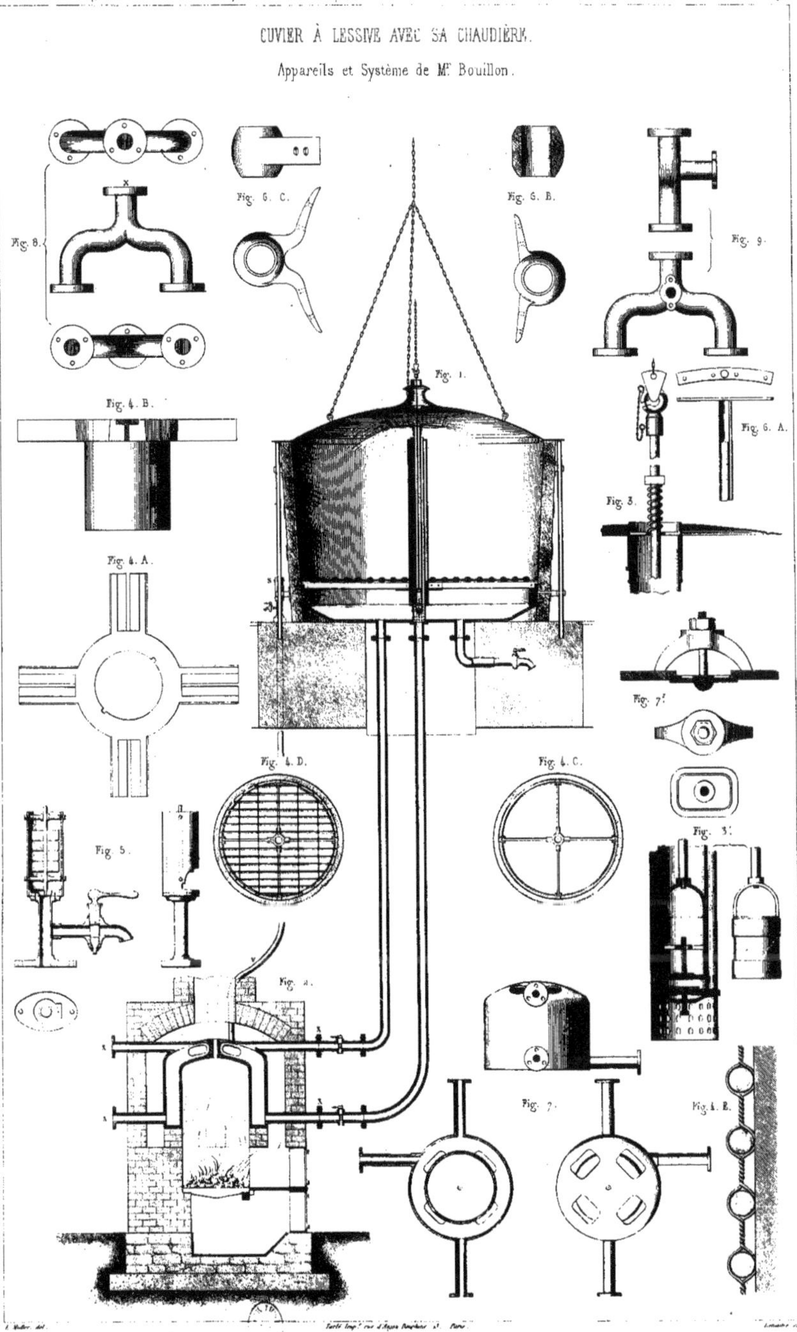

LAVOIRS.

Appareil de Mr Bouillon.

Fig. 2 — Coupe suivt A.B.

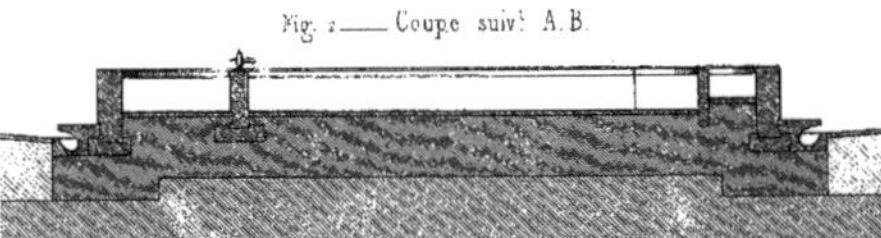

Coupe suivt C.D. — Fig. 3.

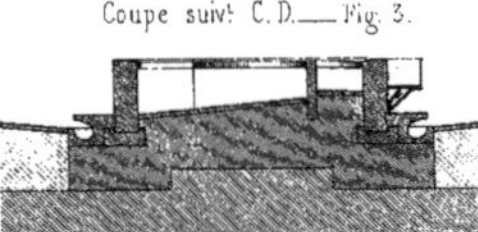

Plan du lavoir — Fig. 1.

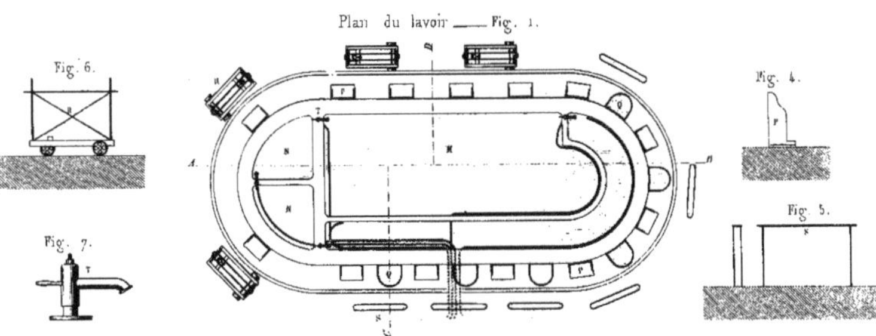

Fig. 6. Fig. 7. Fig. 4. Fig. 5.

Fig. 9 — Bacs à laver — Élévation.

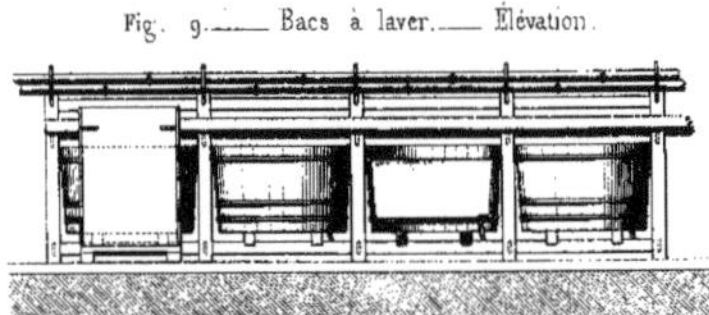

Élévation — Bacs à rincer — Fig. 12.

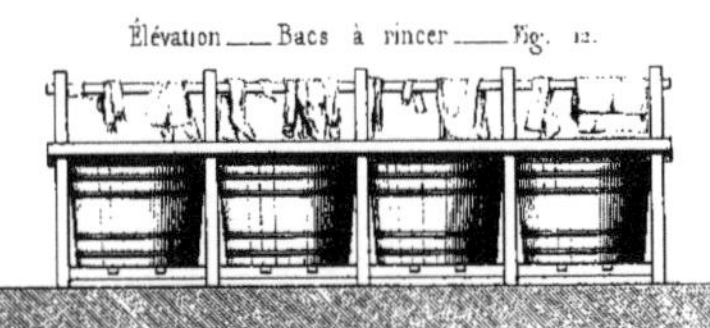

Fig. 8. Plan.

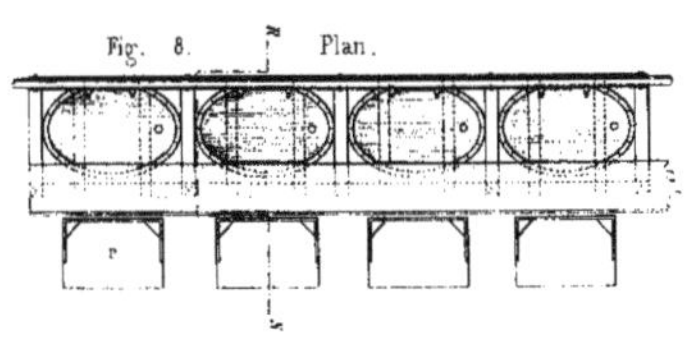

Plan. Fig. 11.

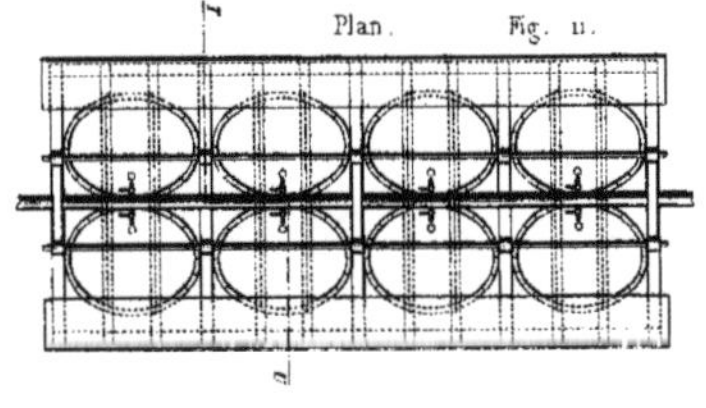

Coupe suivt R.S. Fig. 10.

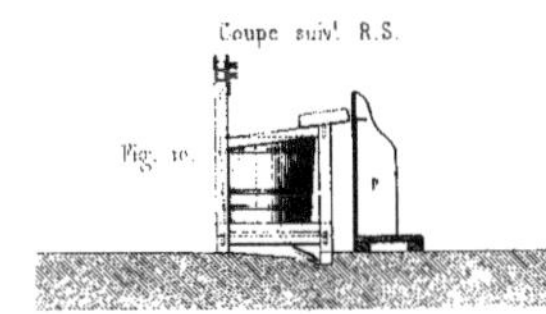

Coupe suivt T.U. Fig. 13.

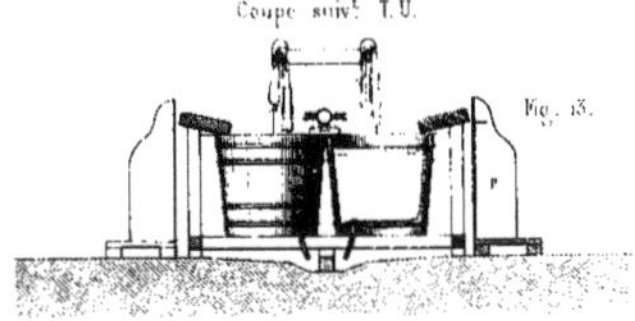

Bacs à laver et à rincer.

Plan. Fig. 14.

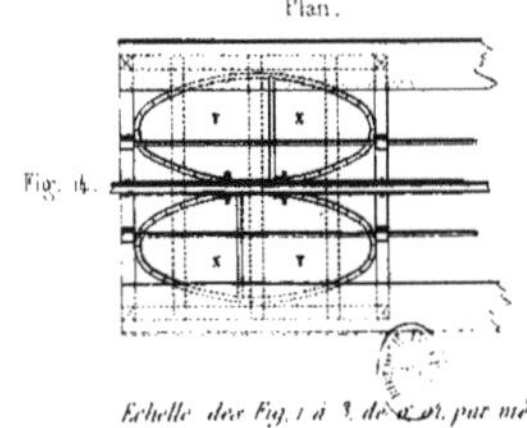

Coupe. Fig. 15.

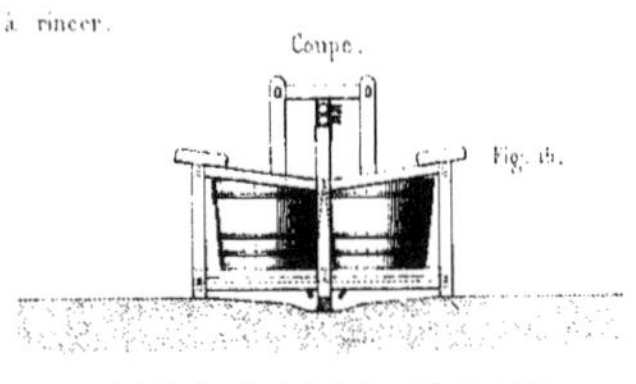

Echelle des Fig. 1 à 3, de 0,01 par mètre.

Echelle des Fig. 8 à 15, de 0,03 par mètre.

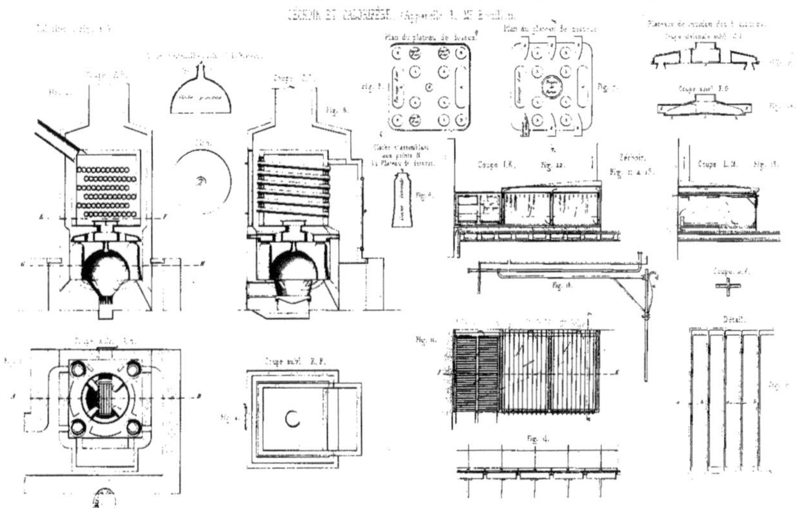

SÉCHOIR ET CALORIFÈRE (Appareils de Mr ...)

Plan du plateau de ...

Plan du plateau de ...

Coupe suivt E.F.

Fig. 6.

Fig. 8.

Coupe I.K. Fig. 12.

Séchoir. Fig. 11 à 15.

Coupe L.M. Fig. 13.

Fig. 16.

Détail.

Fig. 11.

Fig. 14.

Echelle des Fig. 1 à 5, de 0,03 par mètre

Echelle des Fig. 5 à ..., de 0,0... par mètre

Echelle des Fig. 11 à 13, de 0,0... par mètre

Echelle de la Fig. 14, de 0,10 par mètre

Echelle de la Fig. 15, de 0,... par mètre

Echelle de la Fig. 16, de 0,05 par mètre.

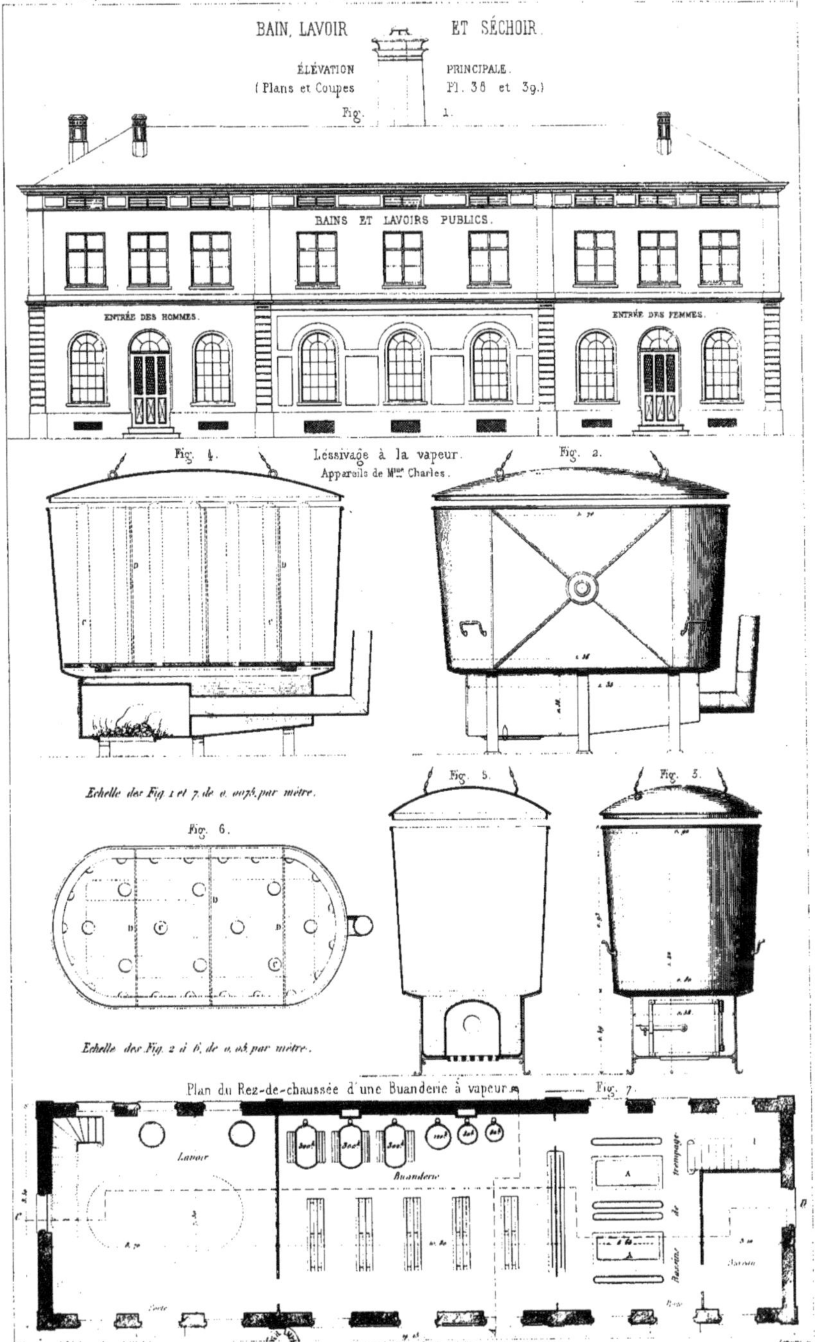

BAIN, LAVOIR ET SÉCHOIR.

ÉLÉVATION PRINCIPALE.
(Plans et Coupes Pl. 38 et 39.)

Fig. 1.

BAINS ET LAVOIRS PUBLICS.

ENTRÉE DES HOMMES.

ENTRÉE DES FEMMES.

Lessivage à la vapeur.
Appareils de M.me Charles.

Fig. 4.

Fig. 2.

Echelle des Fig. 1 et 7, de 0. 0075 par mètre.

Fig. 5.

Fig. 3.

Fig. 6.

Echelle des Fig. 2 à 6, de 0. 05 par mètre.

Plan du Rez-de-chaussée d'une Buanderie à vapeur.

Fig. 7.

Lavoir

Buanderie

Bassin de trempage

E. Muller del.

Paris Imp.r

Lemaitre sc.

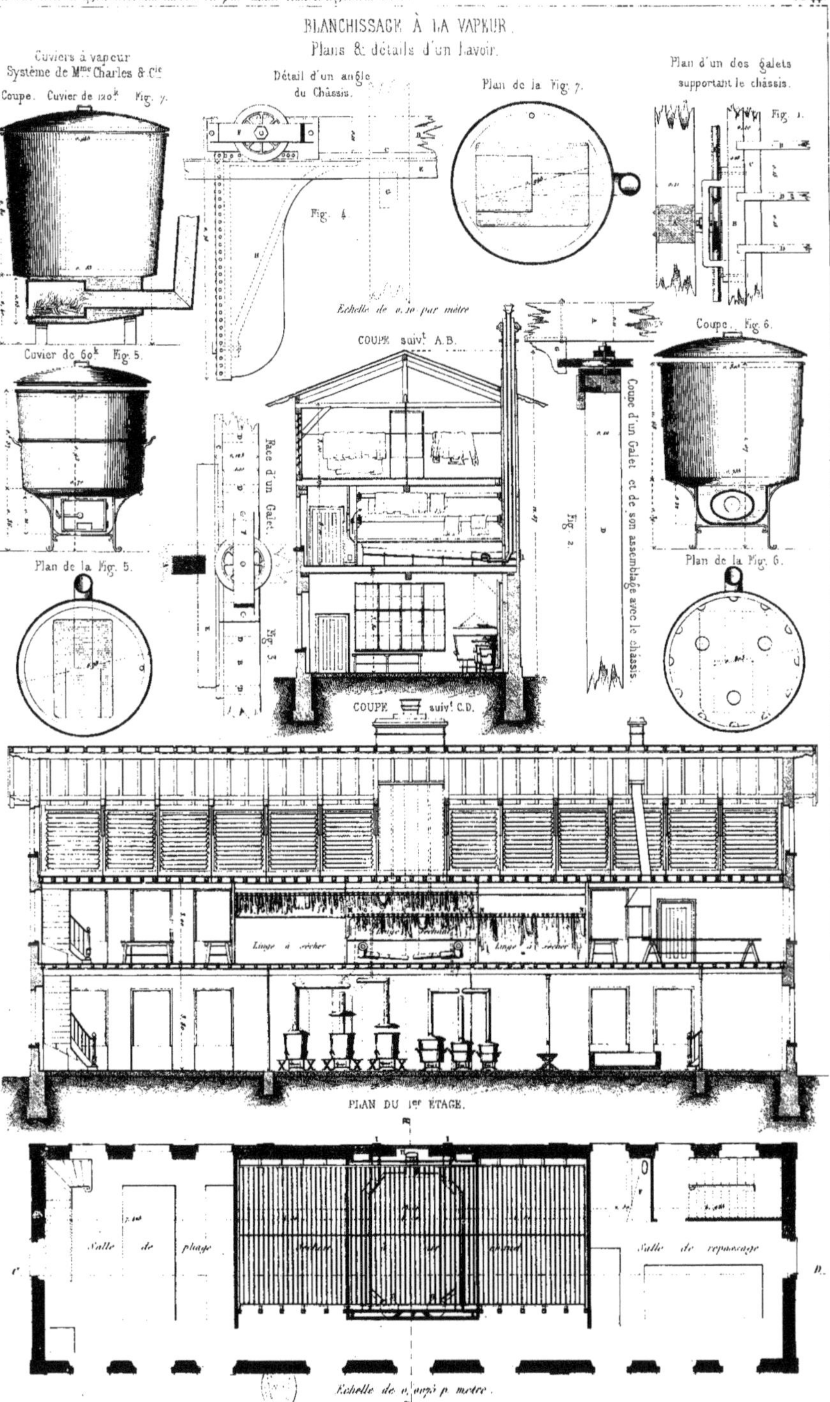
BLANCHISSAGE À LA VAPEUR.
Plans & détails d'un Lavoir.
Cuviers à vapeur
Système de Mme Charles & Cie
Coupe. Cuvier de 120k Fig. 7.
Détail d'un angle du Châssis.
Fig. 4.
Plan de la Fig. 7.
Plan d'un des galets supportant le châssis.
Fig. 1.
Echelle de 0,10 par mètre
COUPE suivt A.B.
Coupe. Fig. 6.
Cuvier de 60k Fig. 5.
Face d'un Galet.
Fig. 3.
Fig. 2.
Coupe d'un Galet et de son assemblage avec le châssis.
Plan de la Fig. 5.
Plan de la Fig. 6.
COUPE suivt C.D.
Linge à sécher
Linge à sécher
PLAN DU 1er ÉTAGE.
Salle de pliage
Séchoir à air chaud
Salle de repassage
C
D
Echelle de 0,005 p. mètre.

pour un petit Établissement.

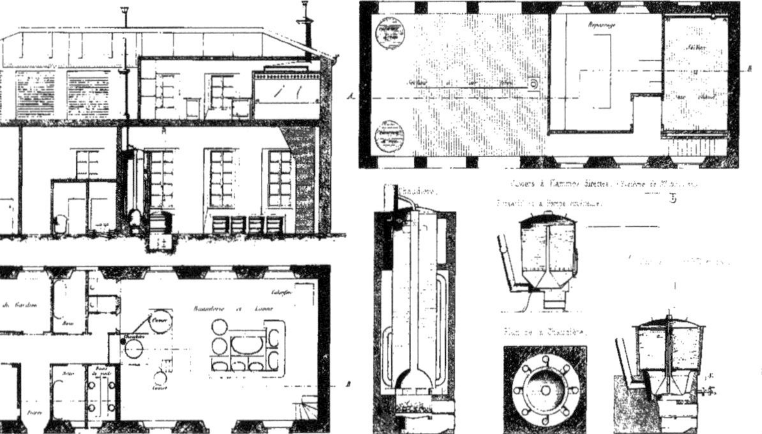

www.ingramcontent.com/pod-product-compliance
Ingram Content Group UK Ltd.
Pitfield, Milton Keynes, MK11 3LW, UK
UKHW020203200726
13856UKWH00003B/1167

9 782013 604